湮没的时尚

忆梅下西洲，折梅寄江北。
单衫杏子红，双鬓鸦雏色。
西洲在何处？两桨桥头渡。
日暮伯劳飞，风吹乌桕树。

——《西洲曲》

湮没的时尚

云想衣裳

李汇群◎著

人民文学出版社

图书在版编目 (CIP) 数据

湮没的时尚·云想衣裳 / 李汇群著 . —北京：人民
文学出版社，2015
ISBN 978-7-02-010776-6

Ⅰ . ①湮… Ⅱ . ①李… Ⅲ . ①女服—历史—中国—古代
Ⅳ . ① TS941.742.2

中国版本图书馆 CIP 数据核字（2015）第 028593 号

责任编辑　徐文凯
装帧设计　刘　静
版式设计　马诗音
责任印制　苏文强

出版发行　人民文学出版社
社　　址　北京市朝内大街 166 号
邮政编码　100705
网　　址　http://www. rw-cn. com

印　　刷　北京千鹤印刷有限公司
经　　销　全国新华书店等

字　　数　192 千字
开　　本　890 毫米 ×1290 毫米　1/32
印　　张　10.5　插页 3
印　　数　1—8000
版　　次　2017 年 2 月北京第 1 版
印　　次　2017 年 2 月第 1 次印刷

书　　号　978-7-02-010776-6
定　　价　39.00 元

如有印装质量问题，请与本社图书销售中心调换。电话：010-65233595

目录

序

中国古代是否有时尚？这是一个仁者见仁，智者见智的话题。

从严格意义上来讲，时尚的大规模流行，源于现代工业体系的建立及成熟。中国古代社会是标准的农耕社会，社会流动性不强，缺乏时尚广泛流行的社会基础，但这却并不意味着，生活在古代的人，就一定缺少对于美丽的敏感以及对于流行的敏锐。

历朝历代的文献中，都不乏关于碎片化时尚元素的记录。"楚王好细腰，宫中多饿死"，时尚如水，常常从高层滴入下层，宫廷就是它最大的发源地。"城中好高髻，四方高一尺"，生活于汉代的先民们，如是表达了对京城中流行发式的钦羡和模仿。时尚总是居于中心城市，然后向周边地区、边远区域层层辐射传扬。当人们认定了时尚的传播链条，就是由高到低、从上到下的另一种阶层排序呈现时，突然之间，源于青楼的某种裙子款式，迅即在缙绅闺秀之间蔓延开来。

时尚就是这样出人意料，它出现，然后被模仿，被流行，被替代，被遗忘，转几个弯，或许又重新被寻回。时尚总是处于变动不居的状态，难以把握，难以捉摸。然而，它总会给我们留下几许探寻的线索。比如说，对于中国古代女性所喜爱的那些衣服、饰品，千变万化、光怪琳琅的品相之下，依稀也能触摸到几条决定时尚走向的暗线：有实用舒适的考虑、有阶层审美的浸染、有政权更迭的影响、有不同民族融合博弈的左右等等，然后，最重要的，还有女性本身不顾一切追求美丽的强烈动力。

从这些角度，去观察中国古代女性那些可爱的审美，那些小趣味、小情调、小清新，或许会有更多意想不到的惊喜收获吧！那些已经逝去的时尚，如同粒粒宝珠，散佚于历史深处，等待被发现，被拾起，被标记，召唤着我们对于自身璀璨文明的重新认识……

是为序。

一

峨冠：玄发新簪碧藕花

四百四病人皆有，只有相思难受。不疼不痛在心头，魃魃地教人瘦。　愁逢花前月下，最怕黄昏时候。心头一阵痒将来，一两声咳嗽咳嗽。《夜游宫》

这是一首写相思之苦的词。整首词风格俏皮活泼，以略带调侃的语气，娓娓道出了爱情的甜蜜与酸楚，颇有几分民间小调的清新情趣。世人读到这味小词，多半会将其与少男少女五彩缤纷的情感世界加以联想，可是，如果词中倾吐着相思之苦的男子，并不是翩翩少年，而是白发老叟，世人又会做何感想呢？

　　这首《夜游宫》出自明代冯梦龙的小说《喻世明言》之《张古老种瓜娶文女》，讲述了一个凡间与仙界，爱情与世俗纠结在一起的故事：南北朝时期，天下大乱，南朝的江山更是风雨飘摇，朝廷和帝王，都如走马灯般换个不停。或许是严重缺乏安全感吧，南朝的帝王们纷纷转向佛祖，寻求精神上的慰藉。在虔心向佛的帝王群中，有一位最为虔诚的"和尚皇帝"——大名鼎鼎的梁武帝萧衍，他为了表示对神佛的恭敬和诚服，竟然多次舍弃皇帝宝座，遁入空门，可怜的大臣们只得一次又一次地花钱将他从寺庙赎出。可想而知，在这样的皇帝面前，若是流露了对佛门的不敬之意，会招来多么严重的后果。《张古老种瓜娶文女》中的谏议大夫韦恕，就因谏梁武帝佞佛而得罪，被贬去牧养一匹传说中由于脚力不济，耽误了梁武帝追赶达摩禅师的宝马。大概在皇帝看来，在不敬佛教这点上，韦恕和宝马有着同等的罪孽，需要同样的调教感化吧。可祸不单行，某年冬天，宝马又无故走失，韦恕急令手下四处寻找。万幸的是，那是一个大雪天，一干人顺着马蹄印迹，找到了一处篱园外，迎出来一位白发老叟张公，他不仅牵出宝马，还顺手赠送了三个甜瓜请众人捎给韦恕。一场天大的祸事就这样消弭于无形，又品尝到了清甜爽口的瓜果，韦恕便带上夫人、女儿登门拜谢这位张公。

说来也怨韦夫人多嘴多舌，她看那老叟精神也还健旺，忍不住打听老人的家庭生活，谁知这位老人家却趁机求娶韦家十八岁的女儿！此言一出，韦恕和夫人勃然大怒，一场道谢，以不欢而散告终。而张公呢，他陷入了深深的思念之中——上文小词《夜游宫》即写了他的相思之苦。之后，他竟请了两位媒人，正式向韦家提亲了。韦恕怒不可遏，为阻难张古老，便戟指着媒人道："做我传话那没见识的老子：要得成亲，来日办十万贯见钱为定礼，并要一色小钱，不要金钱准折。"他料定张公家贫，断然拿不出这么多钱，却不曾想到张公在极短的时间里就备齐了十万贯一色小钱送上门。如此一来，韦家"开着口则合不得"，只能无奈地将十八岁的女儿文女许配给了八十岁的张公——以少艾女子相配耄耋老翁，在中国传统婚恋文化中并非少见，或许是为多子多孙计，中国传统的儒家文化始终以种暧昧的态度，鼓励着大男人对众多小女子的支配和占有。男子本人固然不以为不宜，社会舆论对此也颇不以为然，文人墨客更是喜好以生花妙笔，为此种婚配关系抹上些许幻美的色彩，称之为"风流佳话"。如相传苏东坡为张先所作之"一树梨花压海棠"句，调侃揶揄中便不无羡慕之意。

故事至此并没有结束，文女的哥哥为妹妹不值，一路追杀张公，反而被擒，性命堪虞，关键时候，只见"屏风后一个妇人，凤冠霞帔，珠履长裙，转屏风背后出来，正是义方妹子文女"，原来张公是神仙下凡，特来超度文女为仙，韦家人也得以全家升天做了神仙。文女的哥哥放下了怨念，看官们大概也都松了口气，十八岁配八十岁，这场婚姻对文女来说还是"划算"的，她得以将全家人都超度成仙，在极大程度上实现了"青春"的价值，至于红妆佳人面对白发老叟的种种心曲，那就完全不在社会总体的思考范畴之中了。

在这个故事中，最初文女的哥哥认为妹妹以宦家女子匹配园叟，"忒贱卖了些"，可当他看到披戴着"凤冠霞帔"隆重登场的妹子时，态度顿时大为改变：在礼教社会里，服饰是个人身份最好的名片，只有处于社会上层的女性，才有资格穿戴"凤冠霞帔"。文女的着装，已经不言自喻地表明了这桩婚姻的价值，这对于其家人而言，才是最重要的，至于她对婚姻的情感诉求、对丈夫的感情，那反而是最不重要的一环了。

而我们对于中国古代女性时尚服饰的追溯，也就从这最为"高大上"的"冠"开始说起。

一

冠，是古人用于修饰头部的饰物。远古人类在日常生活中，观察到动物头上的冠角，萌生审美爱慕，并加以模仿，从而促生了冠。范晔《后汉书·舆服志》中记述："上古穴居而野处，衣毛而冒皮，未有制度。后世圣人易之以丝麻，观翚翟之文，荣华之色，乃染帛以效之，始作五采，成以为服。见鸟兽有冠角䫇胡之制，遂作冠冕缨蕤，以为首饰。"这为冠冕的起源，提供了一种较为可信的说法。或许也正是基于此，中国古代的冠，有许多款式都与动物名称联系在一起，如鹖冠、虎冠、貂冠、凤冠、鸡冠等。（见高春明《中国服饰》，上海外语教育出版社2002年版，第112页。后文中类似注释只标书名、页码。）根据现代人类学家的研究，古人的服饰设计在一定程度上都存在着图腾崇拜，可以想见，当远古人类将一顶顶形状各异的冠盖顶在头上时，在他们的内心深处，或许认为这是纪念、膜拜本氏族标志的一种较好的形式。不过，无论是基于审美趣味也好，出于图腾崇拜也罢，当中华民族的历史车轮驶进礼教社会之后，冠，更多地被视为一种服饰符号，自然地承载起区分等级、辨异尊卑的沉重。

明代的王圻在《三才图会》中曾简要论及女冠的发展："爰自黄帝为冠冕，而妇人之首饰无文，至周亦不过幅笄而已，汉宫掖承恩者，始赐碧或绯芙蓉冠子，则其物自汉始也。"可见，女冠在最初的时候，只是简单地起着修饰的作用，至汉代起，宫廷中渐渐开始流行花样繁复的女冠，并与君主宠幸联系起来，它便不再是单纯的饰品，而被赋予了更多的内涵，包括吉祥、如意、喜悦、品级等。具体说来，女冠的制作一般可以分为这样几个步骤：首先，用铁丝或者竹篾等编成圆框；其次，在圆框上蒙一层罗纱；再次，缀以各种各式的点缀物，贵重者如珠宝、翡翠、金丝等，也可以簪以鲜花或干花、假花等。至此，一顶美轮美奂的女冠也就成型了。（见《中国服饰》，第116页。）

而在中国古代诸多女冠中，凤冠应该说是最广为人知，也最为女性所向往、倾慕的一款。民间文化里，"凤冠霞帔"甚至已经成了身份高贵的诰命夫人的符号表征。作为一个符号意象，"凤冠"是如何进入到中华民族服饰文化体系中的呢？

作为代表着吉庆和幸福的灵物——凤凰，在谶纬学说兴盛的两汉时期受到了相当的重视，它越来越多地和龙联系起来，被视为皇家的专属吉祥图案。范晔《后汉书·舆服志》中记载："太皇太后、皇太后入庙服……簪以玳瑁为摘，长一尺，端为华胜，上为凤皇爵，以翡翠为毛羽，下有白珠，垂黄金镊。左右一横簪之，以安菡结。诸簪珥皆同制，其摘有等级焉。"在汉代，只有最尊贵的女性——太皇太后和皇太后，才能插戴凤凰图形的首饰，这应称得上是凤冠的滥觞。（见《中国服饰》，第116页。）

值得注意的是，《后汉书》中并未提及贵族女性在正式场合必须戴冠。事实上，在宋代以前，贵族女性的正式礼服体系中，并未严格规定戴冠，如《新唐书·车服》中论及皇后、皇太子妃和命妇服饰时，都未提及头冠。迄至两宋，凤冠才被正式纳入贵族女性的服饰体系中，《宋史·舆服》有明确记载："皇后首饰花一十二株，小花如大花之数，并两博鬓。冠饰以九龙四凤……妃首饰花九株，小花同，并两博鬓，冠饰以九翚、四凤……（皇太子妃）其龙凤花钗冠，大小花二十四株，应乘舆冠梁之数。"明代贵族女性礼冠沿袭了宋代冠制，《明史·舆服》中明确规定："（皇后冠服）其冠圆匡，冒以翡翠，上饰九龙四凤，大花十二树，小花数如之……（皇后常服）双凤翊龙冠……龙凤珠翠冠……（皇妃）冠饰九翚、四凤花钗九树，小花数如之……（九嫔）冠用九翟，次皇妃之凤。"王圻在《三才图会·皇后冠服》中也提到了皇后的"九龙四凤冠"，并绘有图案，可以作为佐证参看。

从上述史料可以看出，历朝历代，凤冠只是皇家专用，即使诰命夫人位列显贵，但碍于礼法，她们不可能戴上真正的刻有凤凰图案的头冠。民间传说中的所谓"凤冠"，只是一种模糊笼统的说法，它事实上指代着那些经过隆重修饰了的礼冠。如《宋史·舆服》中所述命妇所戴"花钗冠"，《明史·舆服》中提及命妇所戴"珠翠庆云冠"，都可归为"凤冠"，它依然是贵族女性身份的表征。

在礼教社会里，等级是难以逾越的，惟其如此，方显示出贵族身份的尊崇。宋代严格规定了贵族女性凤冠的品级，"第一品，花钗九株，宝钿准花数，翟九等；第二品，花钗八株，翟八等；第三品，花钗七株，翟七等；第四品，花钗六株，翟六等；第五品，花钗五株，翟五等"（《宋史·舆服志》）。通过这种建构身份象征的方式，礼教为社会中下层设置了遥不可及却又仿佛近在眼前的美好愿景，前提是"合作"。对于男性而言，合作的方式是建功立业或者考取功名，对于女性而言，到达理想王国的唯一途径，则是婚姻。

正因为此，一顶高高在上的"凤冠"，使得众多出身社会中、下层家庭的女性，将择偶目光投向了寒门士子。囿于自身门第，她们很难嫁入豪门，只有帮助寒士丈夫赢取功名，方能成就"凤冠霞帔"的人生梦想。这种狂热的力图跻身上层社会的冲动，甚至成为支撑女性度过漫漫困厄人生的最大精神动力，无数女子为了那"凤冠霞帔"的荣耀，不惜含辛茹苦而九死无悔。扬剧《赵五娘》里有一段非常优美的唱段"十里送"，即将赶赴考场的士子安慰他那恋恋不舍的妻子"千斤重担叫你挑，丈夫哪有不知情？

若得一官或半职，凤冠霞帔报妻恩"。自丈夫眼中看来，科举得中，妻凭夫贵，就是对妻子操劳家务、日渐憔悴的最好回报。果真如此吗？事实却并不尽然。

且说在丈夫科举得中之前的那段艰难岁月里，妻子要承受来自各方面的压力，这压力是如此之大，它足以让生性柔弱的女子发狂发癫，甚至酿成悲剧。明末清初时人东鲁古狂生曾在其编著的小说集《醉醒石》之《等不得重新羞墓 穷不了连掇巍科》中，入木三分地摹写了莫氏作为寒士之妻的苦楚。十多年来，莫氏为支持丈夫读书应考，她"怕把家事分了他的心，少柴缺米，纤毫不令他得知。为他做青毛边道袍、毛边裤、毡衫，换人参，南京往还盘费，都是掘地讨天，补疮剜肉""真都亏了个女人"。她的苦心付出并没有换来回报，一次次充满希望地送夫出门，一次次沮丧地接到落第消息，一次次在邻居和亲戚的嘲笑中煎熬，梦想和现实的巨大差距击溃了她的心理防线，她弃夫另嫁了。深感挫败的丈夫发愤图强，终于金榜题名。消息传来，满城轰动，媒人也纷至沓来……前夫新婚迎亲的队伍缓缓经过莫氏门前，她"心里也是虫攒鹿撞，只是哭不得，笑不得。苦想着孤灯对读，淡饭黄斋，逢会课措置饭食，当考校整理茶汤，何等苦！今日锦帐绣衾，奇珍异味，使婢呼奴，却平白让与他人！巧巧九年不中，偏中在三年里边。九年苦过，三年不宁耐一宁耐！这些不快心事，告诉何人？"多年的辛苦付出，到头来却是给别人做嫁衣裳，她已经是五内如焚，那些鄙俗的小镇乡民还不忘往她的伤口上撒盐，动辄冷嘲热讽，生生地把她逼上了死路。一条鲜活的生命就这样在世俗的冷眼和戕害中消失，可作者最后还不忘谆谆告诫天下女子：

> 但是读书人，晷刺攻书，韭盐灯火，难道他反不望一举成名，显亲致身，封妻荫子？但诵读是我的事，富贵是天之命，迟早成败，都由不得自己。嫁了他为妻子，贤哲的或者为他破妆奁，交结名流，大他学业；或者代他经营，使一心刺焚。考有利钝，还慰他勉他，以望他有成，如何平日闹吵，苦逼他丢书本，事生计？一番考试，小有不利，他自己已自惭惶，还又添他一番煎逼。至于弃夫，尤是奇事，是朱买臣妻子之后一人。却也生前遗讥，死后贻臭，敢以告读书人宅眷。

言之凿凿，却狰狞毕现。十年夫妻情谊一笔勾销，舆论只强调她的不是，却将那多年来全心投入的苦楚全部遮蔽。男权社会对于背叛丈夫的女子是如此地深恶痛绝，不但要她身死，且必欲使其名灭，女性必须对婚姻逆来顺受，一条道儿走到黑，在任何时候都必须成为男人背后的坚固后方，任何企图出走或者逃亡的举动都是危险的，她必将付出沉重的代价。

道学家的恫吓之言，对固守在围城之内的女性应该说起到了相当的威慑作用，只是，当沧桑故去，青春不再，她们真的能用坚守等来属于自己的幸福吗？答案依然是否定的。扬剧《赵五娘》改编自著名传奇《琵琶记》：赵五娘送走了赶考的丈夫蔡伯啮，自己留在家乡侍奉公婆，在天灾和人祸中苦苦挣扎。公婆亡故了，她剪发葬亲，一路上弹唱琵琶，进京寻夫，却得知他高中状元后，早已入赘相府，和丞相千金恩爱无比。糟糠之妻千里寻来，那个负心的男人内心深处也一直在挣扎，还好丞相千金"贤惠体贴"，愿意和赵五娘共侍一夫，于是剧中剧外的人都长吁了一口气，这个故事还是以"大团圆"收尾了。自世人眼中看来，这已经是赵五娘最好的结局，乡野女子，能迎来"凤冠霞帔"，何等荣耀，至于她剪发葬亲的悲苦，卖艺寻夫的辛酸，以及被迫与别人分享爱情的无奈等等，这些统统不在考量之中。

另一个故事是京剧《红鬃烈马》，也就是人们熟知的王宝钏守节十八载，等来凤冠霞帔的"佳话"。她原本是富贵人家的千金小姐，在彩楼上高抛绣球打中了穷小子，不惜为了他与父亲决裂，更在丈夫出征远行后，苦守寒窑，等待良人。十八年的岁月弹指一挥间，他终于回来了，远征归来的丈夫的心情，颇令人寻味：

薛平贵：（白）请稍待！哎呀且住！想我离家一十八载，也不知她的贞洁如何？我不免调戏她一番，她若守节，上前相认。她若失节，将她杀死，去见代战公主！[西皮流水]洞宾曾把牡丹戏，庄子先生三戏妻。秋胡曾戏过罗氏女，平贵要戏自己的妻。弓叉袋内把书取！

在外征战多年的他早已另娶，并觉得这是天经地义，毫无惭愧之心，却理直气壮地准备回来检查旧妻的贞洁。那个可怜的女人，十八年独守寒窑，他何曾尽过半点丈夫的责任和义务？然而，这并不妨碍他将她视为一个专属品，并检视这禁脔的封存和保管，一旦发现不贞，他会毫不留情地杀死她。即便他从不过问她，也绝对不能允许她被别人染指。他并不珍视她，对于她的衰老，在过去漫长十八年里所遭受的痛苦，他完全没有内疚之意和怜惜之情，因为他已经给了她最好的补偿：他赏赐给她凤冠霞帔，恩赐给她最高荣誉——允许她保留正妻的头衔，和代战公主一起生活。一切看上去是那么地完美，只是她似乎福气淡薄了一些，她居然很快就死了，是的，她也不得不死。张爱玲曾这样解读《红鬃烈马》：

　　《红鬃烈马》无微不至地描写了男性的自私。薛平贵致力于他的事业十八年，泰然地将他的夫人搁在寒窑里像冰箱里的一尾鱼。有这么一天，他突然不放心起来，星夜赶回家去。她的一生的最美好的年光已经被贫穷与一个社会叛徒的寂寞给作践完了，然而他以为团圆的快乐足够抵偿了以前的一切。他不给她设身处地地想一想——他封了她做皇后，在西凉国代战公主的领土里做皇后！在一个年轻的、当权的妾的手里讨生活！难怪她封了皇后之后十八天就死了——她没这福分。可是薛平贵虽对女人不甚体谅，依旧被写成一个好人。

　　（《洋人看京戏及其他》）

　　这称得上是诛心之论，道出了包蕴在这个传奇故事中的女性人生的悲哀。王宝钏固然不幸，代战公主也并非胜利者，她"年轻又当权"，却只能居于妾位，又何尝不委屈难过呢？只是，礼教社会注重等级，恪守成法，当种种约定成俗的"规则"渐渐成为笼罩在所有社会群体头上的一张网时，即使贵为天子，亦难以逃脱。

今天能见到的出土凤冠，当以明神宗——万历皇帝朱翊钧定陵中出土的四顶凤冠最为精美（现藏于中国历史博物馆）。这四

明神宗定陵中出土的四顶凤冠

顶凤冠，在设计上有共通之处，冠顶嵌有飞龙一条，口衔宝珠一粒；左右两龙各叼珠宝链串一条，（见周讯、高春明《中国历代妇女妆饰》，学林出版社1988年版，第94页。后文类似注释只标书名、页码。）徐徐垂下，形成中心与对轴之感观。从形制上，四冠可以分为三龙二凤冠、六龙三凤冠、九龙九凤冠和十二龙九凤冠。四冠分别属于万历皇帝的两位皇后：孝端皇后和孝靖皇后，前者是他的结发妻子，曾正位中宫长达四十余年；后者则是其子明光宗——泰昌皇帝朱常洛的生母。值得一提的是，两位皇后虽陪着万历皇帝葬入了定陵，但她们不仅不是他生前宠爱的女人，甚至还饱受他的冷落与轻视。

万历皇帝在位四十余年，唯一宠爱的妃子是郑贵妃，她为他诞下了皇三子。万历曾有意将皇三子立为太子，为此，他和大臣们之间展开了旷日持久的抗争，最终却以失败告终。无他，只因"祖制不可违"。万历年轻时曾偶然临幸过一名宫女，在他看来，那不过是逢场作戏，只是一个卑贱的宫女，他很快将之抛诸脑后。不巧的是，春风一度已经珠胎暗结，该宫女争气地生下了一个儿子，这是他的皇长子，也是他心爱的小儿子登上太子之位最大的障碍。孝端皇后无子，按照礼法规定，无嫡立长，皇长子应该是太子的不二人选。可是，把那个卑贱宫女所生的孩子立为太子，而心爱的女人所生的孩子却只能退居臣下，这是他无法接受的。他思虑了诸多计策，来和庞大的臣僚群体进行抗衡，然而，在冰冷的"祖制"面前，贵为天子的他还是感觉到了无力，或许他可以把天下的财物都塞进小儿子的怀中，却始终无法把小儿子扶上未来皇帝的宝座。带着一丝不甘，临终前，他留下遗言，希望郑贵妃百年后与他合葬，但这个要求也依然无法实现。按照明代皇家礼法的规定，皇帝龙驭上宾之后，能与两位妻子合葬，一位是生前在位的皇后，另一位则是下一代皇帝的生母。就这样，可怜的万历皇帝葬入了定陵，陪在他身边的，是他从来都不曾爱过的女人，或许她们也是无奈的吧，受到丈夫如此冷遇，但身为后宫中人，唯有默默忍受。倘若她们能够有所选择，想来也未必愿意在生前身后，始终陪伴对她们毫无感情的丈夫。就这样，三具冰冷的躯体被放置在定陵的梓宫中，而曾经倾心相爱过的皇帝与贵妃，到头来，却不得不隔着冰冷的墓门遥遥相守……

清代后妃朝冠

明亡清兴，清代的衣冠服饰与明代差别甚大，但在用凤凰图案修饰女冠上，却一脉相承。清代凤冠的形制已经和明代相去甚远。《清

清孝庄文皇后朝服像

史稿·舆服二》中有较为详细的记述："皇后朝冠，冬用薰貂，夏以青绒为之，上缀朱纬。顶三层，贯东珠各一，皆承以金凤，饰东珠各三，珍珠各十七，上衔大东珠一。朱纬上周缀金凤七，饰东珠九，猫睛石一，珍珠二十一。后金翟一，饰猫睛石一，珍珠十六。翟尾垂珠，凡珍珠三百有二，五行二就，每行大珍珠一。中间金衔青金石结一，饰东珠、珍珠各六，末缀珊瑚。冠后护领垂明黄绦二，末缀宝石，青缎为带……太皇太后、皇太后冠服诸制与皇后同。……皇贵妃朝冠，冬用薰貂，夏以青绒为之。上缀朱纬。顶三层，贯东珠各一，皆承以金凤，饰东珠各三，珍珠各十七，上衔大珍珠一。朱纬上周缀金凤七，饰东珠各九，珍珠各二十一。后金翟一，饰猫睛石一，珍珠十六，翟尾垂珠，凡珍珠一百九十二，三行二就。中间金衔青金石结一，东珠、珍珠各四，末缀珊瑚。冠后护领垂明黄绦二，末缀宝石。青缎为带。"

　　具体来说，就是用貂皮或青绒做成底座，覆以红纬，红纬上缀七只金凤，帽顶正端叠加三只金凤，每只金凤头顶镶珍珠一粒，另外，冠后缀上金翟一只，翟尾垂下数行珍珠、东珠等宝石。（见《中国服饰》，第116页。）清代后妃在参加庆典时，都必须戴着这样的朝冠出席。

二

中国是一个多民族统一的国家，除汉族外，各少数民族也都创造了属于自己的服饰文化。就凤冠而论，由满族立国的清朝有朝冠，再往前追溯数百年，由蒙古族立国的元朝，贵妇们也有自己独特的冠饰，那就是顾姑冠。"顾姑"是蒙古语，也写作"姑姑""故故""固姑""罟罟""古库勒"等。"顾姑冠"是何形状呢？据相关记载：南宋后期，赵珙出使蒙古，将所见所闻编成《蒙鞑备录》，其中收录有对"顾姑冠"的解释："凡诸酋之妻，则有顾姑冠，用铁丝结成，形如竹夫人，长三尺许，用红青锦绣，或珠金饰之。其上又有杖一枝，用红青绒饰之。"数十年之后，南宋彭大雅也出使蒙古，写成了《黑鞑事略》一书，其中也提到了"顾姑冠"："故姑之制，用画木为骨，包以红绢金帛，顶之上用四五尺长柳枝或铁打成枝，包以青毡，其向上人则用我朝翠花或五彩帛饰之，令其飞动，以下人则用野鸡毛。"据此看来，顾姑冠是

用铁丝编成或者用木条做
成圆柱体，裹以红绢金帛，
缀上珠玉花翠。在圆柱体
之上，还要插上长长的树
枝或铁枝，有钱人家在长
枝条间加以翠花、彩帛修
饰，穷人家贫则代以色彩
斑丽的野鸡毛，也颇能夺
人眼目。

赵、彭二人出使蒙古
时，这来自草原上的游牧

戴顾姑冠、穿交领金织锦袍的
元世祖后像

民族还未征服当时最为富庶的江南地区，或许是囿于财力，顾姑
冠从取材到制作都比较简单，还带有几分游牧民族的淳朴粗犷的
风貌。待到大元统一海宇，四方珍宝源源不断送往大都，元蒙贵
族的生活也变得骄奢异常，即便一顶小小的顾姑冠，也在取材和
制作上发生了较大的变化。熊梦祥撰于元末的《析津志》中，曾
详细论述到顾姑冠：

> 罟罟，以大红罗幔之。胎以竹，凉胎者轻。上等大、次中、
> 次小。用大珠穿结龙凤楼台之属，饰于其前后。复以珠缀长
> 条，襈饰方弦，掩络其缝。又以小小花朵插带，又以金累事
> 件装嵌，极贵。宝石塔形，在其上。顶有金十字，用安翎筒

以带鸡冠尾。出五台山，今真定人家养此鸡，以取其尾，甚贵。罟罟后，上插朵朵翎儿，染以五色，如飞扇样。先带上紫罗，脱木华以大珠穿成九珠方胜，或叠胜葵花之类，妆饰于上。与耳相联处安一小纽，以大珠环盖之，以掩其耳在内。自耳至颐下，光彩眩人。环多是大塔形葫芦环。或是天生葫芦，或四珠，或天生茄儿，或一珠。又有速霞真，以等西蕃纳失今为之。夏则单红梅花罗，冬以银鼠表纳失，今取其暖而贵重。然后以大长帛御罗手帕重系于额，像之以红罗束发，莪莪然者名罟罟。以金色罗拢髻，上缀大珠者，名脱木华。以红罗抹额中现花纹者，名速霞真也。……

从这段叙述来看，元蒙贵族女性顶戴顾姑冠，奢华绚丽，甚至连原本是穷人家用来点缀冠顶的野鸡毛，也形成了"品牌供应"的市场效应——由河北真定地区的民众喂养鸡禽，取其羽毛做成翎羽，并美其名曰"朵朵翎"。

作为一种服饰符号，罟罟冠有着特殊的含义，西方传教士约翰·普兰诺·加宾尼曾出使蒙古，并撰写了《出使蒙古记》一书，记述东方见闻。在这本书中，他解释了罟罟冠所蕴含的特殊意义：

在她们的头上，有一个以树枝或树皮制成的圆的头饰。……不戴这种头饰时，她们从不走到男人们面前去，因此，根据这种头饰就可以把她们同其他妇女区别开来。要把没有结过婚的妇女和年轻姑娘同男人区别开来是很困难的，因为在每一方面，她们穿的衣服都是同男人一样的。

这样看来，根据蒙古族的习俗，只有结婚了的女性才能戴上罟罟冠，没有结婚的少女，是不能佩戴的。从这个角度来理解，罟罟冠代表了独特的蒙古民族文化，因此，汉族文人对罟罟冠的喜恶，事实上表达了他们对元蒙政权的接受或排斥。

宋末元初的战争，从本质上来说，是游牧文化与农耕文化的碰撞和互动。蒙古族来自草原，精于骑射，因此在战争中一直处于上风。公元1276年，南宋都城杭州被蒙古攻破，原南宋治下的江南地区，很快被纳入北方政权的版图，生活在江南地区的文人，面临江山易主、政权更迭的时代巨变，内心深处除充满惶恐不安外，对少数民族的统治，也有着一定的抵触，这从他们当时对罟罟冠的态度中即能窥见一斑。

元初诗人聂碧窗《咏北妇》云："双柳垂鬟别样梳，醉来马上倩人扶。江南有眼何曾见，争卷珠帘看固姑。"大意是说蒙古女子头顶高冠，装束奇特，喝酒豪放，醉倒后还当街骑马，引来汉人围观。汉族文化的传统是含蓄蕴藉，委婉曲折，很少直言好恶。这首诗虽然不曾公然讥诮蒙古女性，但暗讽之意，却显而易见。究其原因，两宋以儒教立国，理学盛行，由此，整个社会形成了一套严密苛刻的性别伦理体系，概括起来就是男外女内、男尊女卑。儒家社会要求女性严守男女之防，行动上要"大门不出，二门不迈"，气质上则需要表现为端庄含蓄，矜持内敛。见惯了汉族女性的谨慎端凝，猛然看到北方女子的豪爽奔放，诗人心中揶揄，但碍于当时的政治局势，讽刺的话不敢直接说出，只好以这种皮里阳秋的方式暗嘲，言下之意，对蒙古女性未受儒教熏染颇为轻视。此时，以诗人为代表的江南文人的内心深处，仍然被儒家传统的"华夷之辨"牢牢把持着，因此对蒙古族女性的别样服饰，感到难以接受。

基于此种心理，当时的汉族文人，对罟罟冠，普遍表现出排斥和抵触的态度。如著名的南宋遗民郑所南，曾在其所著《心史》中提到罟罟冠，云"受虏爵人，甲可挞乙，乙可挞丙，以次相治，至为伪丞相亦然；挞毕，仍坐同治事，例不为辱。受虏爵之妇，戴固顾冠，圆高二尺余，竹篾为骨，销金红罗饰于外"，他表达直白，在礼教文化深深浸润的社会语境中，这寥寥数语已经足以明其心迹。他坚持"华夷之辨"，以"虏"称呼元蒙统治者，仍然视亡宋为正统，对蒙古族的制度、服饰等，都流露出不屑。"衣冠"，向来被视为汉文化的表征，改服易冠，也因此被视为对汉文化的背弃，郑所南在《心史》中曾论到南宋朝廷的高官黄万石，在元兵尚未到达之时，就迫不及待地改换蒙古服饰，表示归顺之意，郑思肖非常鄙夷其人，对他痛加贬斥。可以推想，元军南下之际，南宋士大夫中，叛变投降者亦为不少，他们接受了元蒙政权的爵位和俸禄，必须改换异族服装，而家中的妻妾，也自然要戴上罟罟冠，以示顺从。从这个角度来解读，在以郑思肖为代表的汉族文人看来，罟罟冠成了折节事敌的代名词，他们自然会对之表示出强烈的排斥和不满。

然而，历史的车轮总是往前的，它不会因为遗老遗少们的爱憎而停止前进。发生在中世纪的这场宋元之战、南北之争，与之相随的是不同文明之间的对话和交融。经过数十年的经营，蒙古贵族已经在中原乃至江南地区都建立了稳固的政权，蒙、汉、回、藏等多民族的融合已是大势所趋，所以汉族文人也渐渐能以欣赏的眼光来看待兄弟民族的服饰文化。元代中后期，文人对罟罟冠的态度发生了变化，一个明证就是，诗人杨允孚在《滦京杂咏》中写道："香车七宝固姑袍，旋摘修翎付女曹"，旁边有他自注的小字一行："凡车中戴固姑，其上羽毛又尺许，拔付女侍手持，对坐车中，虽后妃驼象亦然。"杨允孚生活的年代，大致是元代中期，在诗中，他以欣赏的态度，写到了罟罟冠之美：罟罟冠身原本就长，再加上翎羽，其高度可想而知，顶着这般的高冠，未免行动不便，于是，女性在进入屋宇或者车船中时，往往要把翎羽拔下来，交给贴身侍女。而这拔羽的动作，自诗人眼中看来，充满美感。

汉族文人对罟罟冠的态度，从排斥变为欣赏，这反映了罟罟冠在蒙、汉等各族女性之间的传播，也见证了从元初到元代中后期的民族融合。中国几千年的文明史就是各民族纷争与融合的历史。宋元战争，从诸多方面都带给以汉蒙等各民族巨大的冲击和震撼，而政权巩固之后，多族杂处，各方在文化传统、风俗习惯等方面互相融合。在汉文化的影响之下，蒙古族的传统习俗观念也慢慢松动、变化，转而与汉族趋同。元代陶宗仪所著《南村辍耕录》卷二十二中记载了一则轶事：

> 御史大夫也先帖木儿，与夫人不睦，已数年矣。翰林学士承旨阿目茄八剌死，大夫遣司马明里往唁之。及归，问其所以，明里云："承旨带罟罟娘子十有五人，皆务争夺家财，全无哀戚之情。惟正室坐守灵帷，哭泣不已。"大夫默然。是夜，遂与夫人同寝，欢爱如初。若司马者，可谓善于寓谏者矣。
>
> （元·陶宗仪《南村辍耕录·卷二十二》）

故事很简单，御史与夫人的关系不太好，有同僚过世，御史派下属司马明里前去吊唁，司马先生很快回来了，向御史汇报情况说，那位老兄生前纳了十五位戴罟罟的小娘子，而今她们都在争抢他的财产，半点悲痛的表情都没看见。只有他的正室夫人痛哭不已，在堂前守灵。御史听完，默然无语。显然，同僚的遭遇深深触动了他。终于，夫妻俩冰释前嫌，重归于好。这个故事传递出来的信号是：妻妾之间的嫡庶之分非常重要，士大夫不可以宠妾废妻，妻子才是丈夫生命中最重要的女人，和妾室相比，妻子对丈夫更真心。说到底，这一套又是礼教的老调重弹，可这次故事的主人公换成了元蒙贵族，使得这个故事具备了一些不同寻常的意味。

蒙、汉两族婚姻制度向来不同。汉族推行的是一夫一妻多妾制，小妾们可以多娶，可嫡妻只有一位，并且，嫡庶之间壁垒森严，即使贵为天子，也不可以轻易挑战礼法；蒙古族推行的是一夫多妻制，男人可以拥有众多妻子，有正妻、次妻之分，正妻和次妻之间差别不大，位置可以相互变动，除此之外，还可以纳妾，地位则低于妻。据《新元史·后妃传》记述："蒙古因突厥回鹘旧俗，汗之妻曰可敦，贵妾亦曰可敦，以中国文字译之，皆称皇后，其庶妾则称妃子。终元之世，后宫位号，只皇后、妃子二等。"蒙人的一夫多妻制，进入中原后，受汉文化影响，渐渐发生了变化，正妻的地位日渐重要，次妻的位置反而慢慢下降，最后降到与小妾同列。婚姻制度虽然发生了变化，可男人喜新厌旧，宠爱新人的心理依然如故，这应该是不争的社会现实。

三

历史总是充满了迷思，引人遐想。若以今人的视角回眸中世纪，两宋的兴替，可以看成是我国历史上的又一次民族大融合。可对身处当时的汉民族而言，无疑是一段频频被北方少数民族追赶着、逃亡着的历史。辽、西夏、金、蒙古不断向中原挺进，渐渐蚕食、侵占富庶之地，两宋民众被迫逃亡，颠沛流离，南迁东徙。这场旷日持久的游牧民族与农耕民族的资源之争，结果是文化落后、军事强大的契丹人、女真人、蒙古人打败了文化先进、军事脆弱的汉人，确立了统治权。值得深思的是，打下了江山的少数民族，迅速被吸纳到儒教文化之中，他们慢慢变易原来的语言、文字、服饰、习俗等，胡非胡、汉非汉，双方的面目都渐渐模糊，最终归于华夏一统，依然回到了儒家文化的体系之中。从这个角度来说，宋元之战，宋人并不是绝对的失败者，只是可惜了那从唐至宋，数百年以来已经发展到极致的城市文化，那是一种伴随着商品经济繁荣而起的，日趋精致和细腻的文化。战争，直接摧毁了那纤细脆弱的美，它们如细碎的瓷器碎片，蒙上了厚厚的尘垢，被深埋在历史地表之下。

"人世几回伤往事，山形依旧枕寒流"，当我们从历史的徜徉中重新把目光投向岌岌峨冠时，即可看到唐宋时尚女性所喜爱的冠式：莲花冠、白角冠、等肩冠、花冠、团冠等，琳琅满目，美不胜收，那是经济富足、寰宇清平的氛围里才有可能培养起来的，对美的欣赏、迷恋的折射，虽然只是细小的什物，却是人类文明发展到相当程度后的结晶。

莲花冠，亦称"莲华冠"，在唐代颇为流行。李唐皇室自许为李耳后人，尊崇道教，道士地位尊贵，在服饰着装上，亦刻意与大众加以区分，头顶莲花冠，成了道士的身份象征。莲花，是道教八宝图纹之一，深得道教八仙中唯一女性——何仙姑的喜爱，何仙姑手持莲花这一道教意象，赐予了莲花纯洁青春、吉祥如意等含义，使得莲花冠问世后，不仅为男道士所佩戴，更受到了女道士的欢迎。唐人诗词中，多有咏叹女道士头戴莲花冠的佳作，如顾夐《虞美人》一词写女道士的风姿"莲冠稳簪钿篦横"，点出莲花冠必须和钗钿等合用，才能绾住秀发。又如施肩吾《赠女道士郑玉华》云"玄发新簪碧藕花"，黑亮的乌发上，是一簇崭新的碧绿色莲花冠，能用碧绿这种鲜艳的颜色来调和肤色、发色的女子，想来正值青春妙龄。唐代女性出家做女道士的很多，其

《宫妓图》中莲花冠

中不乏貌美才高的女子，如大名鼎鼎的鱼玄机。风气所至，连李唐皇室中的女性也来踵事增华，唐睿宗的女儿金仙公主和玉真公主都曾出家为道，再如杨玉环，在册封为贵妃前也曾做过女道士。贵族女性的热衷，使得女道士成为当时社会中的特殊群体，她们为文人所关注，"谈笑有鸿儒，往来无白丁"，

其言谈举止、服饰着装都备受瞩目，甚至引领一时风尚。在女道士的身体力行之下，越来越多的俗家女子模仿她们戴上了莲花冠，恣肆地展现着自己的妩媚与风情。如白居易《和殷协律琴思》写弹琴女妓"秋水莲冠春草裙，依稀风调似文君"，和凝《宫词》则有"碧罗冠子簇香莲"等句，这说明在中晚唐时期，莲花冠已经不再专属于女道士。

唐以后，莲花冠更为盛行，五代前蜀后主王衍酷爱莲冠，《新五代史·前蜀世家·王衍》中记述，他命令后宫女子戴金莲花冠，穿道士服，饮酒至醺醺然，方能免冠。《旧五代史·王衍传》又云："衍奉其母、徐妃同游于青城山，驻于上清宫。时宫人皆衣道服，

顶金莲花冠，衣画云霞，望之若神仙。及侍宴，酒酣，皆免冠而退，则其鬌髻然。"这位君王还颇有几分艺术想象力，在道教胜地游玩时，特意嘱咐宫人换上道服道冠，刻意营造出"姑射神仙"莅临的氛围。在宫女的妆扮上如此用心的君王，显然不是治国明君，他的国家很快被后梁灭掉，本人也被赐死。王衍和他的小王朝，就这般灰飞烟灭，留给后人无限感慨。明代著名的仕女画家唐寅曾以此为题材，绘成《宫妓图》，自题云"莲花冠子道人衣，日侍君王宴紫微。花柳不知人已去，年年斗绿与争绯。蜀后主每于宫中裹小巾，命宫妓衣道衣，冠莲花冠，日寻花柳以侍酣宴。蜀之谣已溢耳矣，而主犹挹注之，竟至滥觞。俾后想摇头之令，不无扼腕"，言下之意，颇为这位短命君王可惜。从唐寅画中能看到，莲花冠是将头冠粘如莲瓣，围着脑后发髻缠绕一圈，仿佛是在头上盛开着莲花朵朵。此外，莲花冠还有另一种制法：将整个冠子制作为莲花形状，堆于头上，看似祥云一朵，飘然有出尘之态。

宋代女性喜好戴高冠，各种款式的女冠层出不穷。

如白角冠，唐已有之。唐诗人鲍溶《和王璠侍御酬友人赠白角冠》咏云"芙蓉寒艳镂冰姿"，足见其晶莹剔透，风姿独特。北宋仁宗时，白角冠大兴，宋人记述，"旧制，妇人冠以漆纱为之，而加以饰。金银珠翠、采色装花，初无定制。仁宗时，宫中以白角改造冠并梳，冠之长至三尺，有等肩者，梳至一尺。议者以为妖，仁宗亦恶其侈，皇祐元年十月，诏禁中外不得以角为冠梳，冠广不得过一尺，长不得过四寸，梳长不得过四寸。终仁宗之世无敢犯者。其后侈靡之风盛行，冠不特白角，又易以鱼鲱；梳不特白角，又易以象牙、玳瑁矣。"（南宋·王栐《燕翼诒谋录·卷四》）白角冠是用白角制冠，插以白角梳，浪费极大，所以仁宗明令禁止。但女性对美的狂热又岂是一纸禁令所能封止？故仁宗之后，白角冠继续流行，材质甚至易为鱼枕、象牙、玳瑁等，更为奢侈。宋人画像《娘子张氏图》中，即有对此种角冠的写真，从图中能看到，角冠上插长梳数把，左右对称。白角冠冠体偏长，甚至有长至肩部者，故又有等肩冠、垂肩冠之称。

宋《娘子张氏图》

除角冠外，宋代女性还特别偏好花冠，这源于中晚唐以来社会养花、爱花的风气。白居易《长恨歌》里写到杨贵妃接见客人时的娇柔模样，"云鬓半垂新睡觉，花冠不整下堂来"。五代严鹗《女冠子》词描述女性戴花冠略偏时的景象，"花冠玉叶危"，可见花冠在中晚唐乃至五代已经时兴。当时的花冠，多以鲜花，尤其是牡丹芍药等富贵之花装饰女冠，花香与脂香相混，鲜花与珠翠相映，别是一番风情。两宋时花冠大为盛行，王迈《贺新郎》为老

夫人祝寿，写道"璎珞珠垂
缕。看花冠、端容丽服"，说
明中老年女性也喜好戴花冠。
1951 年，河南禹州白沙出土
的宋墓壁画中，墓主赵大翁
侍妾与女仆发髻都簪有花翠，
禹州距离汴梁尚有距离，可
见风气所及，花冠已经受到
了大城市乃至中小城镇女性
的广泛欢迎。

河南禹州白沙出土的宋墓壁画

　　除鲜花外，用假花做成的花冠，既经济实惠，又款式丰富，
且不受时令影响，也深得女性喜爱。宋人笔记记述"靖康初，京
师织帛及妇人首饰衣服，皆备四时，如节物则春幡、灯毬、竞渡、
艾虎、云月之类，花则桃、杏、荷花、菊花、梅花，皆并为一景，
谓之'一年景'"（陆游《老学庵笔记》）。当时人甚至将一年四季
的花卉编在一顶花冠之上，美其名曰"一年景"。如《宋仁宗后像》
中的宫女所戴花冠，花团锦簇，应当就是类似于"一年景"的花冠。
花冠的流行，带动了与之相关的一些行业。北宋的汴梁，南宋的
杭州，都有许多卖花冠的店铺、专事修理花冠的手艺人和叫卖鲜
花的小贩，颇为繁华。陆游诗云"小楼一夜听春雨，明朝深巷卖
杏花"，焉知这杏花不会插上发冠，为佳人助妆添色？

《宋仁宗后像》

　　由冠而及，坊间对鲜花的需求，还推动了两宋花卉园艺业的发展。花匠们甚至用冠名为花命名，如"袁黄冠子"、"杨花冠子"、"冠群芳"等。园艺的繁荣，催生了更多品种的鲜花，也被依样画瓢，仿制为女性发冠。据《洛阳花木记》记载，因栽培有方，花朵有重台高及二尺者，被称为"重楼子"。此花问世后，即有匠人仿为"重楼子花冠"，如宋人《招凉仕女图》中，右边女子头上花冠高如层楼，可能就是重楼子花冠。

　　团冠，是宋代另一种流行的女冠。顾名思义，团冠大体上为团形。王得臣撰《麈史》记述，"（妇人）首冠之制……俄又编竹而为团者，涂之以绿，浸变而以角为之，谓之团冠……习尚之

盛，在于皇祐、至和之间"。李
廌《师友谈记》中记录，"御宴
惟五人……宝慈暨长乐皆白角团
冠，前后惟白玉龙簪而已"。白
沙宋墓壁画中，左二之女子身体
右倾，正要将一顶团冠戴在头上，
该冠色泽鲜丽，形如大团盖，后
方还有明显的小尖角。左三之女

宋《招凉仕女图》

子，其头上之团冠则更为明显，形如圆盖的冠子嵌在发髻之上，
前后各有一小尖角，款式非常别致；白沙壁画里，女性戴团冠的
形象比比皆是，说明团冠在北宋时期相当流行。

以此种团冠为底，削其两侧，高其前后，又形成了另一款宋
代女性非常喜爱的冠式——山口冠。如《招凉仕女图》中，左侧
女子即戴着山口冠。

宋代女子喜好高冠，在最重要的人生大事——婚姻上也有所

白沙宋墓壁画

体现。宋代吴自牧《梦粱录》中记载，南宋杭州男女青年嫁娶并非盲婚哑嫁，正式订亲前，双方要互相见面，称为"相亲"，倘若彼此满意，女方即将小钗插上发冠，如不称心遂愿，男方需送给女方彩缎二匹，谓之"压惊"。此外，男方下聘礼，其中必然要有珠翠团冠一项，而待到新婚回门时，女方的回礼单子中，也赫然列有冠花。

宋代女子对高冠的热衷，在宋元易代之际戛然而止。来自北方的马蹄和鼙鼓声，惊散了西湖岸边的脂氲香氛，政治的高压，经济的窘迫，使得"南人"（元代统治者对生活在江南地区汉人的轻蔑称呼）无力再去经营唐、宋以来的城市市民所享受的精致生活。宋代女冠的种种风流，就此深埋于黄卷古书之中，留给后人无限惆怅和感伤。

二　羽衣：谁送熏香半臂绫

劝君莫惜金缕衣，劝君惜取少年时。

花开堪折直须折，莫待无花空折枝。

《金缕衣》

　　这首《金缕衣》，充满了对青春的留恋与伤感，仔细品味，字里行间，分明还有着昂扬奋发的意思。金缕衣，大概是一种缀有金线的衣服，看起来奢侈华丽，隐喻着富贵荣华。往往，年轻人容易被社会的流行思潮所左右，虚耗珍贵的青春去追逐浮云，反而忽略了人生中真正值得珍惜的幸福。这幸福或许很简单，比如爱情、健康、快乐、平淡等，但因为简单，反而不容易被重视。少年心性总是高如擎云，一厢情愿地认定前方有更大的空间，更好的选择，意气昂扬地一路往前，不断错过，到头来发现青春已逝，自己却形单影只。所谓"花开堪折直须折，莫待无花空折枝"，道尽了过来人心境的落寞与沧桑，按照常理来推测，若非有着切身的体会，怎能有着这般深刻的人生体悟？

　　相传这首诗的作者是唐代的杜秋娘。她是浙西观察使李锜府中的歌姬，李府里像她这样豆蔻芳华的可爱少女不乏其人，可真正能得到主人宠爱的幸运儿则不多。在寂静的侯门里无奈地看着青春流逝，似乎是大多数豪门深宅里女性共同的命运。可那不是杜秋娘想要的人生，这个女孩子出身贫寒，早早就学会了察言观色，曲意逢迎，她深知歌姬生涯是非常黯淡的，年龄稍长，就会被逐出李府或者随便嫁人，唯一的出路是争取李锜的宠爱。冰雪聪明的她暗自编好了这首《金缕衣》，一意施展才华，压倒众人。机会总是留给那些有心人的，某日，李府中张灯结彩，正在举办家宴，人到中年的李锜端坐上方，忽听得悠扬的歌声响起，定睛看去，二八佳人正在翩翩起舞，歌喉婉转，明眸含情，那一字字吐出来的歌词——"有花堪折直须折，莫待无花空折枝"，带给他春天般的气息，让他感觉到青春重回。于是，杜小娘子成了李锜的爱妾，两人共度了一段旖旎甜蜜的时光。"后锜叛灭，籍之入宫，有宠于景陵。穆宗即位，命秋为皇子傅姆。……王被罪废削，秋因赐归故乡"（杜牧《秋娘诗并序》）。终其一生，杜秋娘在传统男权社会辗转挣扎，凭借智慧和才华，让自己的生命之花绽放出了夺目的光彩。和那个时代诸多默默磨灭了生命光华的女性相比，她无疑是幸运者。晚唐著名诗人杜牧曾经作有《杜秋娘诗》，感慨她的一生。

元末画家周朗曾据杜牧此诗绘成《杜秋娘图》，图中的杜秋

元周朗《杜秋娘图》

娘高髻长裙，面容肃穆，略带一丝惆怅。自杜牧眼中看来，从繁华绮梦里醒来的杜秋娘，晚年"感其穷且老"，实为可悲。他引经叙典地说到了历史上诸多穷通不定的名人，弯弯曲曲地绕到了自己潦倒的现状上，说到底，他对杜秋娘的同情固然发自内心，却终究还是借伊人之故事，洒浇心中之块垒。但子非鱼，安知鱼之不乐？有谁能真正了解杜秋娘的内心呢？她一生都竭尽心思地在追求，在挣扎，终于可以远离所有的喧嚣，回归内心的平静，做普通老妇，安享平淡，又有什么不好呢？又有谁能够否认，这种安宁淡定，不是一个历经沧桑的女人最好的归宿呢？繁花似锦，终有谢时，爱过，恨过，挥洒过，青春自是无悔，在她最灿烂的年华，她都不曾真正地看重过那"金缕衣"，到老了，回首往事，她还会为那些红尘俗利牵怀吗？杜牧，大概是未曾真正理解《金缕衣》的内涵吧……

金缕衣，是古代女衣的款式之一。中国古代，衣服式样繁多，总的说来，有上下分体式和上下合一式，前者为上衣下裳，后者则为深衣长袍。具体而言，上衣中包括襦、袄、半臂、背心、背子等。

襦，《说文》是这样解释的，"短衣也，从衣需声，一曰曧衣，人朱切"。襦为短衣，这里的短衣，是相对于长及脚踝的深衣而言的。就其长短来说，襦衣可分为三种，"又有长襦、短襦、腰襦的分别。衣的下摆齐膝者为长襦，位于膝上者为短襦，齐腰者为腰襦。"（郭宝钧《中国青铜器时代》）襦衣，也称曧衣，是"暖衣"的意思。襦分单襦、夹襦，夹襦中加绵絮，称复襦。汉代古诗《妇病行》写贫妇临终前对丈夫交待后事，嘱咐他好好看护娇儿，其中有句云"抱时无衣，襦复无里"，凄冷冬日，襦衣里却没有棉絮，何以御寒？可见，汉代末年，单、复襦的区分已经比较常见。

汉代襦衣流行，款式丰富，当时诗文多有记载。如"缃绮为下裙，紫绮为上襦"(《陌上桑》)、"长裙连理带，广袖合欢襦"(《羽林郎》)、"妾有绣腰襦，葳蕤自生光"(《孔雀东南飞》)等。诗中"合欢"，是一种图案对称的花纹，象征男女和合欢乐之意；"葳蕤"是枝叶繁盛之意，足见当时女子襦衣色泽鲜明，花纹繁多。东汉后期，在襦衣上绣各色花纹成为流行时尚，"绣腰襦"、"罗绣襦"、"双绮襦"等名称，都是对彼时流行襦衣的真实写照。汉魏女子服饰多为上襦下裙，纤腰一束，下摆扎入裙中，裙上面貌大致可见，裙内风光则难以窥知。从出土实物和当时的画像来看，襦衣多为大襟，衣襟右掩，袖子宽窄不一。大约冬季天寒时，为保暖起见，衣袖以窄为主，而在春夏时分，则多为宽袖。晋代著名画家顾恺之绘有《女史箴图》，穿红襦的侍女为夫人梳妆，因襦衣的宽袖不便活动，故高高绾起。《羽林郎》中曾提到，十五岁的胡姬巧妙应对豪门骄奴

晋顾恺之《女史箴图》

的调戏，她的身份是卖酒女郎，要做很多杂活，翩翩两袖只会带来麻烦，想来她的广袖也应如图中侍女般地束结起来。

隋唐以后，襦衣的款式有较大的变化，薄薄两襟当胸敞开，襦袖则以窄袖为主，紧紧缠缚胳膊，裹出纤细线条。相传为唐代仕女画家周昉所作《挥扇仕女图》和顾闳中《韩熙载夜宴图》中，都能看到身着窄袖襦衣的佳人形象。而从"罗襦玉珥色未暗，今朝已道不相宜"（张籍《白头吟》）、"感君缠绵意，系在红罗襦"（张籍《节妇吟》）、"红楼富家女，金缕绣罗襦"（白居易《议婚》）、"紫排襦上雉，黄帖鬓边花"（白居易《和春深》）等诗句的描述中，都能感受到唐代女性的时尚，鲜明地透过襦衣上一点点的小细节流露出来。

襦衣，还和大唐的两段传奇联系在一起，先来看看这则故事：

贞元中，望苑驿西有百姓王申，手植榆于路傍成林，构

《挥扇仕女图》

茅屋数椽，夏月常馈浆水于行人，官者即延憩具茗。有儿年十三，每令伺客。忽一日，白其父："路有女子求水。"因令呼入。女少年，衣碧襦，白幅巾，自言："家在此南十余里，夫死无儿，今服禫矣，将适马嵬访亲情，丐衣食。"言语明悟，举止可爱。王申乃留饭之，谓曰："今日暮夜可宿此，达明去也。"女亦欣然从之。其妻遂纳之后堂，呼之为妹。（唐·段成式《酉阳杂俎》）

乐善好施的王氏夫妇常在路边为过往行人提供方便，某天，来了一个要水喝的女子，此女碧襦白巾，风致嫣然，绿色的上衣搭配着雪白的头巾，大概只有雪肤花貌的女子，才敢大胆地将这两种鲜艳的颜色搭配一处。这姑娘不仅美貌如花，还非常活泼可爱，言语爽朗，王氏夫妇非常欢喜，先是将她邀回家，后来更是为儿子向她求亲。婚事当天就操办了起来，算得上是"闪婚"了。

拜过天地父母，新人进了洞房，一切看上去都很圆满。睡到半夜，王夫人梦见儿子披散头发，满脸血污，哭泣说"我快要被吃干净了"。母子连心，王夫人猛地从梦中惊醒，立刻拉上丈夫，来到新房外。四处漆黑，如死亡一般宁静，无论他们怎么呼喊，新房里始终静阒无声。无奈，两人只好撞开房门，一个遍体蓝色的怪物，圆目凿齿，嘎嘎怪笑着冲出，夫妻俩险些吓晕过去，再回头一看，撕心裂肺的哭声顿时响起，在黑夜里凄惨得瘆人：宝贝儿子已经躯壳全无，只剩下了一堆骨头和毛发……这个故事演变到后来，就变成了今人所熟知的"画皮"。作者原意，不过叹息世人只注重皮相，而忽略了美色之外的内涵，以至于身死名裂。闪婚、孀妇再嫁、姐弟婚配等种种元素，包含在这个故事里，也让今人可以领略到大唐时人婚配的随性，婚姻毕竟是人生的大事，浪漫和夺命之间，往往只是一步之隔，稍有不慎，碧襦衣便翻作红罗刹，其中深意，足以警醒世人。

大唐风气开放，不仅男女婚配自由随意，即使罗敷有夫，也不免有性情奔放者，不拘礼法束缚，大胆追求婚外恋情。襦衣，还与另一段凄美的大唐传奇有所关联：

才华出众、容颜端丽的少女步非烟嫁给了武公业，丈夫是赳赳武夫，虽然爱悦非烟的美丽，却不懂得她那细腻缠绵的才女情怀，夫妇之间，貌合神离。而武氏隔壁，居住着一户簪缨之族，公子赵象风流倜傥，文才出众，一次偶然的机遇，他隔墙窥见非烟，即刻惹起相思，"神气俱丧，废食息焉"，情不自禁地想亲近佳人。于是，几番诗文唱和之后，这对青年男女很快沐浴在爱河中，逾越了界限。步非烟体验到了渴望已久的激情，她在给赵象的情诗中写到"相思只怕不相识，相见还愁却别君。愿得化为松上鹤，一双飞去入行云"。她沉醉在春风里，几乎忘记了自己"人妻"的身份，不知危险已在步步逼近。

传统社会里，礼法如网，将红尘中的男男女女罗织其中，并在适时的时候，惩戒那些越轨者，以儆效尤。一件偶然的小事，

《千秋绝艳图·步非烟》

导致了步非烟最终的悲剧：她因为一些小过失，数次鞭打贴身侍女，衔恨在心的侍女，向男主人告发了非烟的私情。接下来的故事就很老套了：怒气冲冲的武公业赶去捉奸，撕扯之中，他拉下了赵象半件襦衣。这残破的襦衣成了武公业人生最大的耻辱，他将步非烟捆绑起来，肆意鞭挞，鞭落如雨，血流满地，此时，奄奄一息的步非烟没有乞求，也没有后悔，而是说出了颇具震撼力的一句话"生得相亲，死亦何恨"。正是这句话，令后人同情、感慨她的不幸，她不为金钱，不图虚名，只为"相亲"，即使牺牲生命也在所不惜。丈夫是粗人，情人是胆小鬼（赵象逃走后改名换姓远走高飞），这些都不要紧，她在自己人生的舞台上演绎了最凄婉的独角戏，的确是位奇女子。奇人奇事，也只有在大唐那种风流奔放的时代氛围中才有可能诞生。

二

"奇文共欣赏，疑义相与析"，唐传奇中涉及的襦，在传统上衣中出现最早。与之相较，迟后的袄，又具有哪些表征及熟识的掌故呢？据相关记载，袄，是由襦衍变而来的另一种服式，其长短介于襦、袍之间。袄一般穿用于秋冬之季，置以绵絮，则绵袄初成；纳入皮毛，则皮袄自现。（见《中国服饰》，第141页。）唐宋以来，袄为常见，宋代流行一种便利的短袄，称为旋袄，也称貉袖。元代陶宗仪编著的《说郛·卷十九》收录了宋代曾三异的《因话录》，其中有对貉袖的解释："近岁衣制有一种如旋袄，长不过腰，两袖仅掩肘，以最厚之帛为之，仍用夹里或其中用绵者，以紫皂缘之，名曰貉袖。闻之起于御马院圉人，短前后襟者，坐鞍上不妨脱，著短袖者，以其便于控驭耳。古人所谓狐貉之厚，以居褒袭，长短右袂制，皆不如此。今以所谓貉袖者，袭于衣上，男女皆然。三代衣冠乱常，至于伏诛，今士大

河南偃师宋墓出土的厨娘砖像

夫服此而不知怪。"沈从文先生在《中国古代服饰研究》中指出，
河南偃师宋墓出土的厨娘砖像里，左边和中间的两位厨娘，身上
穿的就是旋袄。

袄衣，到明清更成了妇女的常备之服。明代著名的世情小说
《金瓶梅》，对缙绅家族中妻妾之间的微妙关系作了生动的刻画和
写照。故事的背景设定在山东临清，北方寒冷，《金瓶梅》中的
红粉佳人们，身着各式袄衣，演出了一幕幕世情舞台剧。围绕着
同一个男人，精力充沛、无事可做的女人们日日争斗，服饰，成
了她们最微妙和最有利的武器。李瓶儿原本是西门庆朋友花子虚
的妻子，她与西门庆私通，气死了花子虚，丈夫刚咽气，就迫不
及待地要嫁进西门家。她随便找了个借口，来到西门家拜会正房
娘子，"穿白绫袄儿，蓝织金裙"，以新寡之身，一味地谄媚取笑，

希望尽快被西门家的妻妾们接纳。在那样的社会里，女人上赶着要嫁男人，已经容易惹人笑话，更何况她热孝在身，想不给人留下话头儿都难了。她欢欢喜喜地进了门，却在众人的轻视和不屑中度日如年，的确数不上聪慧。

真正气定神闲的是吴月娘，正室范儿摆得很足，喜欢着红衣，如"大红缎绸对衿袄儿，软黄裙子""一件大红遍地锦五彩妆花通袖袄"等，只为了将自己和小妾们区别开来。正月十五灯会，玉人出行，只见"吴月娘穿着大红妆花通袖袄儿，娇绿段裙，貂鼠皮袄。李娇儿、孟玉楼、潘金莲等都是白绫袄儿，蓝缎裙"，孰主孰从，昭然若揭。

《金瓶梅》里，穿红袄的女子还有宋蕙莲，第一次与西门庆见面，她"身上穿着红绸对襟袄，紫绢裙子"。红色和紫色原本难以搭配，敢于如此"胡乱穿衣"的女子，想来应该有过人姿色，要不然也不会让西门庆一见留意。她原本是仆妇的身份，仗着年轻貌美，心高气傲，期盼以美貌换来在西门大宅的荣华富贵。卿本佳人，怎奈西门庆从来都不是重情重义之人，宋蕙莲最终被西门庆逼迫自杀，身死名裂，累及家人，可惜了那红袄紫裙的风流。

《金瓶梅》的高妙之处，在于生动地勾画出了中国传统社会里真实生活着的小人物，他们不怎么理会朝廷和圣人的教谕，只根据本能行事，无所顾忌，毫无羞耻，西门庆就是最典型者。他喜欢热情奔放的女人，相中了另类的王六儿。王六儿"上穿着紫绫袄儿玄色缎金比甲，玉色裙子下边显着趔趄的两只脚儿。生的长挑身材，紫膛色瓜子脸"，紫膛色的脸庞和紫色的袄儿，作者通过颜色含蓄地传递出了一些信息。紫色，在中国文化里，是和正色相辅的杂色。《论语》里说"恶紫之夺朱也"，以颜色之分强调礼教秩序。王六儿和她的丈夫韩道国是一对奇怪的夫妻，韩道国靠着妻子吃软饭，经常扮演皮条客，为王六儿拉来些富人客户，他时刻放在心上的事情，就是趁着老婆姿色未衰，赶紧捞钱。为挣钱谋利，王六儿在男人面前谄媚入骨，无所不用其极，这种"低到尘埃里"的姿态，恰恰合了西门庆的口味。西门庆恋上了王六儿，整日整夜不着家，将家里的娇妻美妾冷落在一旁，导致家反宅乱。"恶紫之夺朱"——男人迷恋家外女性，将妻妾置之不顾，破坏了家庭的伦理秩序。这是作者极力反对的，也是他将紫袄归于王六儿的隐含之意。

　　西门大宅里，女人们之间的关系无比微妙，她们的衣着，在一定程度上是符号，隐晦地透露出笑容之下的争斗。第四十六回里写了这么一件事情：众人在外听赏戏曲，天寒下雪，吴月娘吩咐仆人回家去取各人的皮袄，三房娘子孟玉楼提醒道："刚才短了一句话，不该教他拿俺每的，他五娘没皮袄，只取姐姐的来罢。"吴月娘很快接口说："怎的没有？还有当的人家一件皮袄，取来与六姐穿就是了。"这里提到的"五娘""六姐"都是同一个人——大名鼎鼎的潘金莲，她凭着美貌和伶俐牢牢地把住了西门庆，在家里呼风唤雨。对她的张扬和放肆，其他几位娘子，态度不一，李瓶儿性格绵软，对她避而远之；孟玉楼不得西门庆欢心，却喜爱潘金莲的聪慧，对她多有维护；正房吴月娘则面上客气，私下挤兑。几房小妾们来路不同，手头都有些家私，置办了皮袄不时炫耀，只有潘金莲出身低贱，只能靠家主的赏赐装扮一下，也不怎么济事，在这样的场合就显出寒酸的底色来了。作为主母的吴月娘想必是痛快的，没有女人会心甘情愿地看着丈夫走进一房房小妾的房中，对于西门庆的爱妾们，情感上她憎恶无比，但理智提醒她，要拿出主母的气度和宽容。每每，她好不容易将心头的厌恨压下了，偏偏那不知趣的潘金莲，一再生事，屡屡挑战她的底线，她只能忍，选择在合适的场合敲打、告诫潘金莲，不要忘记了自己身份，做人做事要有分寸。只是潘金莲心高气傲，时时惦记着要出人一头。这不，一样的姐妹，人人都有皮袄，吴月娘却要把别人典当在西门家的皮袄拿给她，明摆着给她难堪，于是潘金莲发话道："姐姐，不要取去，我不穿皮袄，教他家里捎了我的披袄子来罢。人家当的，好也歹也，黄狗皮也似的，穿在身上，教人笑话，也不长久，后还赎的去了。"出身贫贱是她心里的一根刺，但生性好强的她不能容忍别人公开打脸，宁可受冻，也不能忍受这带着轻蔑和屈辱的赏赐。吴月娘不理会她，皮袄拿来了，接下来的一场对话更是精彩纷呈：

　　吴大妗子灯下观看，说道："好一件皮袄。五娘，你怎的说他不好，说是黄狗皮。那里有恁黄狗皮，与我一件穿也罢了。"月娘道："新新的皮袄儿，只是面前歇胸旧了些儿。到明日，从新换两个遍地金歇胸，就好了。"孟玉楼拿过来，与金莲戏道："我儿，你过来，你穿上这黄狗皮，娘与你试试看好不好。"金莲道："有本事到明日问汉子要一件穿，也不枉的。平白拾人家旧皮袄披在身上做甚么！"玉楼戏道："好个不认业的，人家有这一件皮袄，穿在身上念佛。"于是替他穿上。见宽宽大大，金莲才不言语。

吴大妗子是吴月娘的嫂子，话里话外，自然是顺着月娘的语气。孟玉楼看她们说话像参禅，隐透着机锋，赶忙来打圆场。眼看众人都给她陪小心，潘金莲才把这口气给忍下去，不过还是撂下一句狠话，"有本事到明日问汉子要一件穿"。对自己的女性魅力充满了自信和骄傲，对月娘的反击含蓄而有力，这才是她的本性：伶俐、自信、聪慧，只要是想得到的，就一定全力争取。经此一事，两个人心里都埋下了不和的种子。后来，李瓶儿身故，潘金莲撒娇装痴让西门庆答应将李瓶儿的貂鼠皮袄拿给她，惹得吴月娘大怒，两人撕破面皮，唇枪舌剑地大吵一架，最后以潘金莲的失败告终。原因很简单：吴月娘有了身孕，西门庆为子嗣计，不得不按捺住潘金莲，安抚吴月娘。潘金莲过高地估算了自己的筹码，她以为凭姿色可以横扫一切，但西门庆毕竟不是那种简单的酒色之徒，他的世界很大，与功名利禄、家族子嗣相比，女人只占到很小的比例。这才是传统社会里最真实的男人。

明清时期，闺阁中还流行一种百子袄。《红楼梦》里，有一处写到凤姐仔细打量袭人，但见她"身上穿着桃红百子刻丝银鼠袄子，葱绿盘金彩绣绵裙，外面穿着青缎灰鼠褂"，细问之下，这三件衣服都是王夫人赏给袭人的。百子，意喻多子多福，在中国文化里代表着吉祥美满，古代诗文中多有提及，如"百子图开翠屏底，戏弄㧬㧬未生齿"（杨维桢《六宫戏婴图》）、"恰如翠幕高堂上，来看红衫百子图"（辛弃疾《鹧鸪天·祝良显家牡丹一本》）。"百子"图案，可以画在衣服或床帐上，一般是送给待嫁及新婚的女子，表达祝福之意，如"催铺百子帐，待障七香车。借问妆成未，东方欲晓霞"（陆畅《云安公主下降奉诏作催妆诗》），"金环半后礼，钩弋比昭阳。春生百子帐，喜入万年觞"（李清照《贵妃阁》）等诗中，都记录了以百子帐庆祝新婚的风俗。北京定陵曾出土过两件百子袄，其中明万历孝靖皇后墓出土的洒线绣百子袄，上绣有近百个顽皮玩耍的小孩子，天真浪漫，姿态各异，栩栩如生。《红楼梦》里，袭人穿的百子袄是王夫人昔年嫁衣，将这般奢华昂贵的衣裳赏赐给奴婢，足见贾府的财大气粗，也说明了王夫人对袭人的重视。

《红楼梦》里，还提到了一种时兴衣服——水田衣，第六十三回写道，"当时芳官满口嚷热，只穿着一件玉色红青驼绒三色缎子拼的水田小夹袄，束着一条柳绿汗巾"。水田衣流行于明朝末年，

北京定陵出土百子祆（洒线绣蹙金龙百子戏女夹衣）及现代复制品

百子祆局部图

清代图册《燕寝怡情》中着水田衣的女子

是将各种零碎的布片缝缀成衣。这些布片大小不一，颜色各异，阡陌纵横，状若水田，故而得名。水田衣最早出现于唐代，但多用来缝制僧人的袈裟，唐诗中有云，"云身自在山山去，何处灵山不是归。日暮寒林投古寺，雪花飞满水田衣"（熊孺登《送僧游山》），"得地又生金粟界，结根仍对水田衣"（唐彦谦《西明寺威公盆池新稻》）等，都是对水田衣的记录。明代女性慧心独具，将水田袈裟的制作搬用到日常服饰中。和唐代相比，明清时期的水田衣，拼接比较灵活，布料宽窄不等，形状多样，给人多彩缤纷之感。清代图册《燕寝怡情》中女子所着上衣，布料零碎纵横，参差不齐，展现了水田衣的独特风貌。

三

　　古代女子的上衣，除长袖外，还有短袖，袖短及肘，称为"半臂"。半臂的常见款式为及腰、对襟、宽领、露胸。这种款式最早可追溯到汉代，如四川忠县、重庆化龙桥、成都永丰三

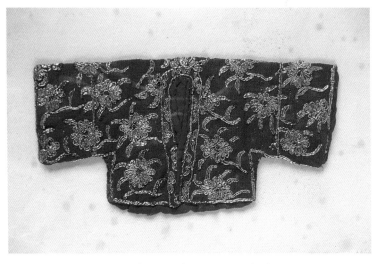

陕西扶风法门寺出土蹙金绣半臂

处汉墓出土的抚琴、杵舂、持镜女俑，其着装风格一致，均在长袖衫外套穿半臂上衣。（见《中国服饰》，第142页。）随后的魏晋南北朝，人们也穿着这种半袖衣，但并未流行，至隋唐时才有所改变。唐代大量的诗文、壁画、陶俑，都辉映着半袖的风情。《名义考·半臂背子》："古者有半臂背子。《事物纪原》隋大业中，内官多服半臂，除即长袖也。"据此看来，初唐时期，这种半袖之衣已经有了正式的称呼——"半臂"，它起初是在宫廷中流行，后渐渐传入民间，成为一种时尚。如陕西扶风法门寺出土的蹙金绣半臂，周身宽大，看来应该是穿在紧身襦衣之上。

据目前看到的资料，唐代的半臂一般有两种穿法：先穿短襦，再加半臂；或者把襦衣作为外服穿在半臂上。如新疆阿斯塔那出土的唐代彩绘木胎舞女俑，也是绿色窄袖短襦上罩彩色紧身半臂，裹出纤

新疆阿斯塔那出土的
唐代彩绘木胎舞女俑

细腰身和丰满胸部，散发着强烈的女性魅力。她身上的半臂面料是当时十分流行的联珠兽纹锦，前胸两个联珠环对称而立，呈现出一种精致细腻的美，也折射出汉文化和少数民族文化交流融合的痕迹。

半臂在唐代的流行，有深层的文化因素在背后主导：唐人喜穿胡服，女子襦衣多为紧身窄袖形状，加上半臂，可以御寒保暖，也能起到修饰的作用。从出土的文物材料中，能看到唐代的许多半臂样式，如陕西干县唐永泰公主墓的壁画中，绘有不少妇女形象，千姿百态，大都穿半臂上衣。

还有，现藏于陕西乾陵唐章怀太子墓出土的壁画《观鸟捕蝉图》中，年轻宫女也是身着半臂。

陕西干县唐永泰公主墓的壁画

唐章怀太子墓壁画《观鸟捕蝉图》
中身着半臂的宫女

北京故宫博物院陶女舞俑

另外，北京故宫博物院藏雕塑像群中，有一尊陶女舞俑，舞姿翩翩，裹在那纤细柔软肢体之上的，亦是一件半臂上衣。

有唐一代，半臂风行，李贺《唐儿歌》中有"银鸾睒光踏半臂"之句，可为佐证。宋代钱易《南部新书》里还记述了一段与半臂相关的故事，"王皇后开元中恩宠日衰而不自安，一日诉之曰：'三郎独不记阿忠脱新紫半臂，更得一斗面，为三郎生日作汤饼耶？'上戚然悯之，而余恩获延三载。"故事里的男主角是唐明皇李隆基，王皇后是他的结发妻子，阿忠则是王皇后的父亲王仁皎。

说到唐明皇，人们只会想起杨贵妃和千古绝唱的《长恨歌》。事实上，皇帝的生命里，美丽漂亮的女人多如过江之鲫，杨贵妃之所以为后世所瞩目，无非因为她是老皇帝最后宠爱的女人。并且，她遭逢安史之乱，魂断马嵬，生前恩宠和死后凄凉形成了强烈对照，故引得后人一掬同情之泪。但考索唐明皇此前的嫔妃，引人注目者应首推武惠妃，前述小故事，说的是玄宗帝、后之间的恩怨，却与武惠妃直接相连。

王皇后出身高贵，是南北朝时梁冀州刺史王神念的后裔，父名王仁皎，爵祁国公。她十几岁时就嫁给了相王第三子——李隆基，当时，武则天当政，国号大周，李唐皇室中人朝不保夕，战战兢兢；待熬到迎还中宗，复称大唐，又碰上权欲熏心的韦后，党同伐异，李家人亦是如履薄冰，如临深渊。在李隆基身处逆境、经济窘迫时，是贤惠体贴的王氏与其相依为命，相濡以沫。唐俗过生日应食"汤饼"，即吃面条，李家三郎囊中羞涩，过生日连面粉也买不起，还得老丈人慷慨相助，脱下崭新的半臂衣，换来一斗面粉，才解了燃眉之急。此后，胸怀大志的李隆基角逐权力，相继平定韦后之乱，铲除太平公主集团，王家人一直追随左右，奔走效命。那一段岁月虽然艰难，但"结发为夫妻，恩爱两不疑"，却令王氏永志不忘，终生铭记。公元713年，大唐进入了第二个鼎盛年代"开元之治"。盛唐的主人——玄宗皇帝和王皇后，备尝艰辛后，终于拨云见日，安享太平。

可叹的是，人生不如意者十之八九，即便是贵为皇后，也不能幸免。王皇后一直没有生育，她深感苦恼不安，皇帝身边的赵丽妃、皇甫德仪、刘才人等，都是天生丽质、才貌双全，好在都还本分，对皇后恭敬唯谨，她虽然偶尔也会感到嫉妒和酸楚，大家还算相安无事。但这一格局，随着武惠妃的得宠，迅速被打破。武惠妃是武攸止的女儿，自幼长在宫中，十四岁时，已经出落得杏脸桃腮，活泼可爱，玄宗一见之下，大为倾心，即召侍寝，册封为惠妃。据说武惠妃很会讨玄宗欢心，她本武家女儿，血液里流淌的，是和武则天一般的聪慧和伶俐，有着"入门见嫉""掩袖工谗"一类与生俱来的本能。武氏生长深宫，从小见惯了后宫妃嫔争宠夺爱，更何况，她在少女时代，亲眼目睹了大唐历史上最惨烈的政治斗争，生存即斗争，她大概深谙此中道理，治人还是治于人，她毅然选择了前者。登上皇后宝座，成了她努力前行的目标，在接二连三生下几位子女之后，她觉得自己底气更足了，一方面对玄宗极尽温柔体贴之能事，另一方面则在宫中屡屡挑衅王皇后。玄宗开始犹豫、动摇了，一边是连举数子的爱妃，另一边是日渐憔悴的老妻，他的天平有些倾向前者，但又迟迟下不了决心。王皇后也觉察到了危险，她已经没有更多的筹码，唯一能够握在手中的，大概就是那点往日恩情了，《南部新书》中的这段故事，正是发生在这样的背景下。和玄宗共同生活了十几年，王皇后知道以情感人、以柔克刚是她最后的一搏，她流泪对玄宗提到了那段半臂换面的往事，悲情博取了君王的"戚然悯之"，但危机仅是延后了三年。时刻被废黜恐惧笼罩着的王皇后，乱得失去方寸，居然病急乱投医，召巫师作法求子。武惠妃的耳目遍及后宫，她不动声色，巧妙地让玄宗知道了这件事。玄宗大为震怒，巫术蛊惑是他最忌讳的，更重要的是，李隆基久存废后之心，这次，他终于有借口挥剑斩断夫妻之情。他颁下废黜皇后的圣旨，王皇后成了王庶人，她很快在失意和困窘中死去，但玄宗后宫的争斗，并没有随着王皇后的退场而终止。朝中大臣激烈反对立武姓后裔为皇后，武惠妃孤注一掷地要把自己的儿子扶上储君位置，勾结口蜜腹剑的李林甫，陷害包括太子在内的三位皇子，老年昏聩的玄宗居然同时赐死三子。

历史使人感叹唏嘘，大获全胜的武惠妃受到良心拷问和折磨，很快撒手人寰。玄宗是耐不得寂寞的，没多久，他就看中了武惠妃生前选中的亲儿媳——寿王妃杨玉环。杨氏被召入宫，成为玄宗的"解语花"，宠贯深宫。只是，真如白乐天所说，李杨情逾金石，"心似金钿坚"吗？恐怕未必，马嵬坡下，刀剑相逼，他选择牺牲杨玉环来保全自己。李隆基这一生，说到底，最爱的人还是自己，女人也好，儿子也罢，只要触及他的利益，都可以舍弃。和后来那些惊心动魄的故事相比，王皇后那"半臂往事"的分量，实在是太轻太弱。

直到宋代，半臂依然作为一种时尚装束，受到人们的喜爱。宋人的诗词中多有提及者，如"醉中倒着紫绮裘，下有半臂出缥绫"（苏轼《东川清丝寄鲁冀州戏赠》）、"冬衣新染远山青，双丝半臂绫"（周邦彦《片玉词》）等。又如《清波杂志》中记述，"东坡自海外归毗陵，病暑，着小冠披半臂坐船上，夹运河，千万人随观之"，可见半臂亦是惯常之服。明代郎瑛《七修类稿》曾有这么一段记述：

吾杭肃愍于公悼夫人董氏诗十一首，其第二首颇佳，诗云："世缘情爱总成空，二十余年一梦中；疏广未能辞汉主，孟光先已弃梁鸿。灯昏罗幔通宵雨，花谢雕阑蓦地风；欲觅音容在何处，九原无路辨西东。"昆山张和，字节之，天顺间官浙江宪副时，宠妾新亡，亦有悼诗云："桃叶歌残思不胜，西风吹泪结红水；乐天老去风流减，子野归来感慨增。花逐水流春不管，雨随云散事难凭；夜来书馆寒威重，谁送熏香半臂绫？"后诗尤胜于前，二作皆脍炙于世，录之。

于、张两公分别为死去的妻妾作悼亡诗，郎瑛觉得后者更佳，何故也？可能古人作诗讲究含蓄蕴藉，两首诗比较起来，前者显得过于直抒胸臆，尤其是"孟光先已弃梁鸿"、"九原无路辨西东"等句，如同白话，全无余味，费不起太多推敲。而后者注重传情抒怀，多用隐喻、典故等委婉的手法表达悲思，整首诗风格更为含蓄凝重，意境深远。张诗中，"夜来书馆寒威重，谁送熏香半臂绫"，借用了宋代的一个典故，那也是一段和半臂相关的风流佳话。

《宋稗类钞》中提到，"宋子京多内宠，后庭曳绮罗者甚众。尝宴于锦江，偶微寒，命取半臂，诸婢各送一枚，凡十余枚，俱至。子京视之茫然，恐有厚薄之嫌，竟不敢服，忍冻而归。"宋子京何许人也？他就是北宋著名的才子宋祁，那首相当有名的《玉楼春》就是他的手笔："东城渐觉风光好，縠皱波纹迎客棹。绿杨烟外晓寒轻，红杏枝头春意闹。　　浮生长恨欢娱少，肯爱千金轻一笑？为君持酒劝斜阳，且向花间留晚照。""红杏枝头春意闹"一句脍炙人口，宋祁因此被称为"红杏尚书"。这位红杏尚书写诗填词如此热烈奔放，也是性情中人。才子与情种，往往兼于一身，宋祁也不例外。他喜爱青春美貌的女孩子，家中广蓄姬妾，要事事周到，面面俱到，难免爱博而心劳。于是，便有了"忍冻而归"的风流韵事。以宋祁的身份和地位，能够如此设身处地地为家中的小女子们着想，着实不易。这份怜香惜玉的情怀，也赢得了后世文人的赞誉。明末清初，南山逸史作有《半臂寒》杂剧，一本四折，其中《忍冻》一出，就是以此韵事为蓝本，勾勒出了宋祁重情重义、温柔体贴的多情形象。

宋代以后，半臂的袖子越来越短，领口越来越低，半臂隐去，比甲登场。比甲无袖、无领、对襟、开叉、及膝，它原本是蒙古人的服饰。《元史》中记载："又制一衣，前有裳无衽，后长倍于前，亦无领袖，缀以两襻，名曰'比甲'，以便弓马，时皆仿之。"元蒙入主中原后，这种原本方便于马上骑射的比甲越来越多地被汉人采用，尤其受到女性的欢迎。到明代，比甲已经成了女性较为普遍的服装。《金瓶梅》中，就曾多次提到"比甲"，如第三回中，西门庆眼中潘金莲的装束是，"上穿白布衫儿，桃红裙子，蓝比甲"，第十五回

福建福州南宋黄昇墓出土背心

中，"李娇儿、孟玉楼、潘金莲都是白绫袄儿，蓝缎裙。李娇儿是沉香色遍地金比甲，孟玉楼是绿遍地金比甲，潘金莲是大红遍地金比甲"。又如第四十二回里，"李瓶儿道：'我的白袄儿宽大，你怎的穿？'叫迎春：'拿钥匙，大橱柜里拿一匹整白绫来与银姐。''对你妈说，教裁缝替你裁两件好袄儿。'因问：'你要花的，要素的？'吴银儿道：'娘，我要素的罢，图衬着比甲儿好穿。'"都说明当时比甲较流行。

从《金瓶梅》的描述来看，比甲一般要配着素色的上衣方才出彩，并且，和其他颜色相比，金比甲更为奢华豪贵。潘金莲还是武大郎妻子时，只能穿着那种最朴素的蓝比甲，嫁入西门家后，穿在身上的就变成了大红遍地金比甲，生活质量明显提高。

清代，比甲缩短了衣身，蜕变为坎肩，也称背心、马甲。早在宋代，背心就已经出现，"背心"一词，可见于宋代西湖老人所著《西湖老人繁盛录》中，"街市衣服中有苎布背心，生绢背心，扑卖摩候罗者多穿红背心"。背心无领无袖，款式简单，穿着随意，便于劳作。宋代《耕织图》中，最左边的女子即身穿背心。

与汉族的背心相比，满

宋代《耕织图》

清巴图鲁坎肩

族的坎肩更注重保暖，也更强调美观，往往两侧开裾，多饰花边。清末时，还流行一种"巴图鲁坎肩"（巴图鲁是满语，"勇士"之意），周身镶边，胸部上方钉一排纽扣，两侧也钉有纽扣，共计十三粒，称"十三太保"。（见《中国服饰》，第144页。）

　　清代女子喜好穿着坎肩，这在当时的文学作品中都有所体现。如《红楼梦》第八回里，宝钗"头上挽着黑漆油光的髻儿，蜜合色的棉袄，玫瑰紫二色金银线的坎肩儿"；第二十四回里，鸳鸯穿着"水红绫子袄儿，青缎子坎肩儿"；在第五十七回里，紫鹃"穿着弹墨绫薄棉袄，外面只穿着青缎夹背心"，小姐和丫鬟们，都一水儿穿着坎肩。再如成书于清代中期的《儿女英雄传》，第四十回也写道，"舅太太早把长姐儿妆扮好了，叫金、玉姐妹带过来谒见老爷太太。只见他戴着满簪子的钿子，穿一件纱绿地景儿衬衣儿，套一件藕色缂丝氅衣儿，罩一件石青绣花大坎肩儿。"综合这些描写来看，从阀阅世族里的贵族小姐、丫鬟，到小家小户的平民女子，平常着装，多穿坎肩，可见清代坎肩之流行。

三　深衣：美人赠我貂襜褕

月下赤绳曾绾足，何须射中雀屏目。

当初恨杀尚书船，谁想尚书为眷属。

《苏知县罗衫再合》

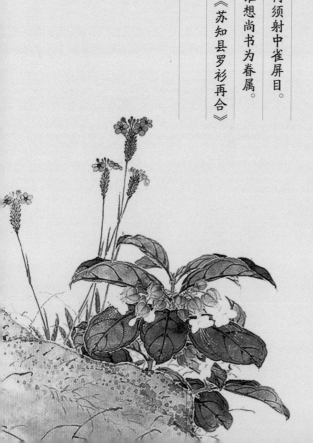

明朝永乐年间，河北涿州人苏云考中了进士，被授予浙江兰溪县令一职。从河北到浙江路途遥远，走水路往往更方便些，苏云带着身怀六甲的夫人郑氏和一房家人，欣然上路了。行到扬州一带，不巧，船漏了水，苏云忙着指挥家人换船，大包小裹从船上运下来，他们自己浑然不觉，落在贼人眼里，却动了劫财的心思——那是个叫徐能的惯犯，长期打着王尚书的名号，在长江上杀人劫货。惯走江湖的徐能对付苏云这样的读书人可以说是毫不费力，三言两语，就说服苏云坐上了贼船。行至黄天荡，月黑风高夜，苏云和他的家人被扔下长江，郑夫人因为美貌被免于一死，条件是嫁给徐能做填房。好在天佑善人，苏云顺着江水漂流而下，为人所救。身无分文的他，流落乡村，教授儿童，糊口度日。

　　这边是教书匠在惨淡营生，那壁厢，郑夫人也在人帮助下，逃到一处尼庵外，产下一子。庵里的尼姑虽愿意收留她，但是那啼哭的婴孩，却会给佛门带来恶意的猜测。无奈，郑夫人脱下贴身罗衫一件，将儿子裹好，托尼姑送出去。尼姑将小公子放在柳树下，谁知那徐能追踪郑夫人的足迹来此，遍寻不着，却听到孩子的哭声，望见了柳树下的男婴。大概是前世夙缘吧，年过四十还没有子嗣的徐能，看见这小孩子，十分喜悦，便抱了回家，反倒把郑夫人的事情撇在脑后。

光阴飞逝，十多年时间倏忽过去，这抱来的孩子徐继祖也到了进京赶考的年龄。他从江南往北京进发，途经涿州，居然遇到了自己的亲祖母苏夫人。苏云多年前一去无消息，苏夫人曾差小儿子苏雨去打探音讯，苏雨又在路上亡故。可怜老夫人连遭失子之痛，或许冥冥之中一点亲情牵引，她看见与苏云面庞神似的继祖，忍不住将胸中痛苦一一倾诉，临别还赠以罗衫一件，"这衫是老身亲手做的，男女衫各做一件，却是一般花样。女衫把与儿妇穿去了，男衫因打褶时被灯煤落下，烧了领上一个孔，老身嫌不吉利，不曾把与亡儿穿，至今老身收着。今日老身见了郎君，就如见我苏云一般。郎君受了这件衣服，倘念老身衰暮之景，来年春闱得第，衣锦还乡，是必相烦，差人于兰溪县打听苏云、苏雨一个实信见报，老身死亦瞑目。"继祖天性仁厚，听了苏夫人的故事十分伤感，满口应承。他来到京师，连中二甲进士，官拜御史，又偶遇亲生父母，在了解身世之后，诛杀徐能，迎养祖母，一家团聚，其乐融融。郑夫人当年用来包裹儿子的罗衫，和苏夫人赠给继祖的罗衫，终于分久必合，这就是"苏知县罗衫再合"的本末。

这个故事最终是以大团圆完美谢幕了。中国文化历来推崇因果报应，小说家们讲故事则力求情节的跌宕起伏，在这样一个回旋反复的故事里，惊险、误会、巧合、刺激等多种元素交织在一处，掀起一轮轮小高潮，扣人心弦。这样的故事，在说书场里应该是最受欢迎的吧，听众们时而喜，时而悲，或开怀大笑，或咬牙切齿，或悲伤流泪，他们沉浸在曲折的情节里，最终在"好人团聚，坏人受罚"的结局里体验到心灵的满足，这就是情节的力量。

只是，小说家们对故事中人的心理有深刻的体验吗？十多年来的养育之恩，难道就能这样轻易地从继祖心上抹去？慈父与爱子，瞬间变作不共戴天的仇人，亲情与恩情之间，他难道就没有挣扎和伤感？古老的农业社会只看重血缘关系，小说家以笼统的标准来衡量故事中人，继祖犹豫的时间非常之短，杯酒之后，骤然撕破脸皮，"徐能大叫道：'继祖孩儿，救我则个！'徐爷骂道：

'死强盗，谁是你的孩儿？你认得这位十九年前苏知县老爷么？'"
十九年来父慈子爱，片刻化作仇恨的狰狞，双方的心里，应该是
惊雷阵阵，可惜我们的文化，往往只注重结果而忽略人物心理的
刻画，故事最后的结局固然是符合了大众的愿想，却缺乏了那种
烛照人性的深刻。

服饰作为一种独特的文化表征，在文学作品里，往往会抽离其基本的功能，转为背景、道具等，起到类似纽带的作用。此处，"罗衫"即成为主线，贯穿故事始终，其分、合，隐喻着人世间的种种悲欢离合。罗衫再合，从字面上解读，是两片前襟合在一处，是男衫、女衫重合在一起，寓意家人的团聚，世情的圆满。这样的衣衫，在缝制之时，大概原本就蕴含着一定的寓意吧。

罗衫，是深衣的一种。中国传统的服装体系大致可以划分为两类：一类是上衣下裳，另一类就是衣裳合体式的深衣。《五经正义》中提到，"此深衣衣裳相连，被体深邃"，穿着深衣，能遮蔽身体，将全身都包裹严实，这或许是"深衣"得名之由来。关于深衣的记载，最早可以上溯到先秦时期，《礼记·深衣》中对之有非常详细的解释：

> 古者深衣，盖有制度，以应规矩、绳权衡，短毋见肤，

长毋被土。续衽钩边，要缝半下，袼之高下，可以运肘。袂之长短，反诎之及肘，带，下毋厌髀，上毋厌胁。当无骨者。制十有二幅，以应十有二月。袂圜以应规，曲袷如矩以应方，负绳及踝以应直，下齐如权衡以应平，故规者，行举手以为容，负绳抱方者，以直其正，方其义也。

深衣的形制特点，简单来说就是：衣裳相连，续衽钩边，袖圆如规、领方如矩、缝线如绳、衣摆如权衡；其中，每个细节都有着特定的含义：圆袖方领，意喻做事要合乎规矩，坚持原则，但又要处事圆融；背线垂直，意喻着为人刚正不阿；下摆平直，则有平允公道的意思。深衣是上衣下裳分别制作，然后缝制在一起，其中，下裳由十二幅布料缝成，象征着一年十二月，表达了农业社会里人们对天时的崇拜和敬仰。续衽钩边，是深衣最大的特色。续衽，就是将上衣的右襟接长为三角形，绕到背后，以丝带系扎。钩边，则是指衣裾，即衣服后身的下摆。绕到背后的衣襟，垂下来如参差不齐的燕尾形状，被称作曲裾。（见《中国历代妇女妆饰》，第202页。）

深衣的长度，是"短毋见肤，长毋被土"，不能太短，露出了肌体则为不雅；也不能太长，衣长拖地，行走起来很不方便，大约是垂至脚踝吧。深衣出现后，因为其端庄典雅，从朝堂到民间，得到了广泛的应用，天子诸侯，士子庶人，都身着深衣，女子的日常穿着中，也多见深衣。如湖南长沙陈家大山楚墓出土帛画中穿深衣的楚国女子，阔袖翩翩，前襟接长，绕到背后垂下，飘逸婀娜，风采动人。

曲裾的流行，主要出于实际的考虑：当时长裤还未出现，人们只在小腿上套着短裤腿，上衣下裳的服装款式，可以遮掩下体，而上下衣相连的深衣，如何来解决这一问题呢？下摆开叉，会暴露下体；不作处理，长衣裹身，行走起来又非常不方便，曲裾缠身，则巧妙地化

湖南长沙陈家大山楚墓出土
帛画中穿深衣的楚国女子

长沙马王堆西汉墓出土朱红罗绮棉衣

湖南长沙马王堆西汉墓
出土彩绘木俑

陕西西安红庆村出土的加彩陶俑

解了这一矛盾，使得人们能够行动自如，又无暴露身体之虞。长沙马王堆西汉墓出土朱红罗绮棉衣，就是一件曲裾之衣。

这种设计最初完全是基于实用的考虑，到后来，则渐渐朝着美观时尚的方向发展，在女子深衣的体式上，则表现得更加明显。从目前出土的文物来看，西汉时期，女性喜欢将衣襟接得很长，在身上缠绕数匝，每匝都露出花边。如湖南长沙马王堆汉墓出土的木俑，身上的深衣就是层层缠绕，显得别有风情。（见《中国历代妇女妆饰》，第202页。）

除下摆外，深衣领口也是修饰重点。领口下降松开，为里衣衣领留下展现空间，层层相叠，别有意趣，称为"三重衣"。陕西西安红庆村出土的加彩陶俑，左边的女性陶俑，三层衣领就赫然可见。

　　女性曾在深衣的剪裁样式上别出心裁，推动了袿衣的流行。《尔雅·释名》解释说，"妇人上服曰袿，其下垂者，上广下狭如刀圭也"。这种袿衣，上身与传统深衣无异，唯下摆的衣裾都被剪裁成上宽下窄，形如刀圭的三角形，穿时层层叠加，缠绕身体，参差垂下，如同燕尾，称杂裾，也称垂　。（见《中国历代妇女妆饰》，第 202 页。）西汉司马相如《子虚赋》云"蜚襳垂髾"，后世学者对此众说纷纭。司马彪曰："襳，袿饰也。髾，燕尾也。"李善曰："襳与燕尾，皆妇人袿衣之饰也。"（《文选·卷七》）。《汉书·司马相如传》中，颜师古的注释是："襳，袿衣之长带也；髾，谓燕尾之属，皆衣上假饰也。"这样看来，除了杂裾（垂髾）之外，袿衣上还缀有长长的飘带，与燕尾形的杂裾（垂髾）相映，给人飘逸出尘的感觉。如东晋顾恺之《列女图》的局部和《洛神赋图》的局部所示，画中女子都身着袿衣，层层杂裾相叠曳地，

东晋顾恺之《列女图》(局部)

东晋顾恺之《洛神赋图》(局部)

山西大同北魏司马金龙墓出土的木板漆画

长带飘飘，恍若仙子。

目前能看到的有关袿衣的画像资料，大致集中在汉代和魏晋时期。以山西大同北魏司马金龙墓出土的木板漆画为例，画中女子露出侧面，身上所穿，也是袿衣。魏晋时期，士族社会推崇名士风流，峨冠博带，卓尔不群，风气所及，使得女性也格外注重服饰，尤其重视通过服饰搭配凸显出自己的个性。

以上三幅画像中，女子的身份不同，面目各异，却在长带飘动，燕尾拖地中，传达出一种飘然出尘的感觉，即使经过了千百年时光的冲刷，也依然能给人留下深刻的印象。

虽然有关袿衣的实物和画像多集中在魏晋时期，关于袿衣的记载，却能追溯到先秦。早在战国后期，楚国的大才子宋玉就在《神女赋》里写到"振绣衣，被袿裳"，袿裳就是袿衣。《后汉书·和熹邓皇后》中曾提到"每有燕会，诸姬贵人竞自修整，簪珥光采，袿裳鲜明，而后独着素装，服无饰"，赞誉东汉邓皇后贤良淑德，勤俭过人，在宴会之时，也往往只穿朴素的衣服，与穿着"鲜明袿裳"的其他妃嫔们形成了强烈的对照。可见，当时袿衣已经成了嫔妃贵妇们的时装，在上层社会里极受欢迎。

袿衣，还关乎一段香艳的传说。唐代的冯贽在《南部烟花记·桂宫》中有这样的记述：

> 陈后主为张贵妃丽华造桂宫于光昭殿后，作圆门如月，障以水晶。后庭设素粉罘罳，庭中空洞无他物，惟植一桂树。

树下置药杵臼，使丽华恒驯一白兔。丽华被素袿裳，梳凌云髻，插白通草苏孕子，靸玉华飞头屦。时独步于中，谓之月宫。帝每入宴乐，呼丽华为"张嫦娥"。

陈后主与张丽华的名字，曾紧紧地联系在一起，见证了一段中国从纷乱割据走向统一的重要历史。世人但凡听到《玉树后庭花》，不约而同都会想到他们之间那段凄美的爱情故事和南陈灭国的悲剧。相传张丽华曾经是侍奉孔贵嫔的宫女，豆蔻年华的她，渐渐绽放出青春的明艳和光彩，吸引了后主的目光。他开始为她写诗填词，宠爱有加，直至封为贵妃，她的风头在陈朝后宫一时无两，远远盖过当初的旧主人。美丽的女人总是更容易赢得君王的眷顾，但要想长久地"三千宠爱于一身"，仅凭美丽就远远不够了。遍阅中国历史，后宫中上演的一幕幕悲喜剧，赢得胜利的，往往是最聪明而非最美丽的女子。张丽华，无疑是其中的佼佼者。她天性聪颖，极善于在相处的细节上花费心思，营造两人之间的私密空间。一些精巧的构思，时常让后主感到新颖别致，这从上文的记述中可见一斑：

每天都以同一种面貌出现，容易让人厌烦。最好是不断地制造新鲜感，这是现代爱情保鲜的不二法门，早在千年之前，就已经被聪明的张丽华参透。她深谙男性的心理需求，于是就有了桂宫这样的杰作：在宫中造起一道如月圆门，用水晶屏障、掩映，给人以清冷寂寥的感觉。院庭中别无他物，仅种一株桂树，树下有捣药之杵臼，可爱的白兔跳跃其下，追寻印迹。一位佳人翩然而至，身披袿衣，梳凌云髻，插白通草、苏孕子，靸玉华飞头履，袿衣上长长的飘带和燕尾曳地，衬着她眼神里的幽怨寂寞，更显出一派天上宫阙的清冷景象。晚唐李商隐《嫦娥》中有"嫦娥应悔偷灵药，碧海青天夜夜心"的佳句，含蓄蕴藉，意味隽永，写尽了女主人公长夜不眠，庭中仰望，天将拂晓，孤寂凄冷的情怀。此时，"夜半私语无人时"，张丽华妆扮嫦娥，独行寂寥；此处，陈后主漫步桂宫，低声轻唤"张嫦娥"。郎情妾意，缠绵悱恻，跃然纸上，呼之欲出。

只是，彼时中国依然是南北对峙，雄踞北方的大隋，国力强盛，有席卷天下之意，并吞八荒之心；偏安东南的陈朝不思进取，岌岌可危。这种情势，即使是励精图治的君主，恐怕也难以回天。以陈后主的聪明，他对时局不会浑然无知。但救国乏术，他选择了逃避，不理国事，沉溺于温柔乡中。然而，"青山遮不住，毕竟东流去"，该来的终究会来。公元588年，隋军溯长江而下，一举攻破石头城，生俘陈后主，斩杀张丽华，以血腥残酷的方式，终结了中国历史上这段著名的鸳鸯蝴蝶梦。清代的赵璞函《台城路》词云："璧树飞蝉，袿裳化蝶，欲问故宫无路。残钟几度。只遗曲犹传，隔江商安。回首雷塘，暮鸦啼更苦。"其中"袿裳化蝶"一句，正是点出了张丽华扮演嫦娥的典故。

无独有偶，北宋初年有一位后蜀国君的宠妾花蕊夫人，命运与张丽华相仿。蜀国灭亡后，花蕊夫人归宋。太祖赵匡胤久闻其才艺双馨，文思敏捷。命当场赋诗，夫人不假思索，信手拈来："君王城上树降旗，妾在深宫哪得知？十四万人齐解甲，宁无一个是男儿！"摹写亡国之无奈，失意中透着一股豪气，恐今人见之犹怜。历史是如此惊人地相似，南陈后蜀的风流终究不敌大隋北宋的兵戎。但这一幕幕历史悲剧，总不能完全由几个文弱女子来承担。只是在传统文化的语境中，她们已经成了红颜祸水的代名词，又有谁想过，袿裳化蝶、庭前吟诗的那一刻，佳人本属难得，却在兵戎之下香消玉殒，她们又何尝不是历史的受害者？

三

文提到，深衣采用曲裾的样式，主要是为了遮蔽下体。随着内衣渐渐完善，人们不再担心身体暴露，深衣的样式也随之发生变化，直裾开始流行，并在后来完全取代了曲裾。这种直裾的深衣，被称为襜褕，目前能看到的较早的实物，大概是湖北江陵马山1号战国墓出土的一件直裾深衣。

湖北江陵马山战国墓出土直裾深衣

如图所示，这件襜褕衣襟右掩，在右腋垂直而下，直通到底，和前襟的下摆平齐。两汉时期，襜褕渐次流行，尤其在原为楚国故地的湖北、湖南一带，受楚文化影响，曲裾和直裾深衣都为人们所喜爱。现存诸多文物、史料，均可证实。以长沙马王堆汉墓出土衣物为例，既有曲裾深衣，也有直裾襜褕。如素纱禅衣，交领右襟，径直垂下，属典型西汉直裾式样；倘若和同批出土的曲裾深衣进行比照，可以明显看出：曲裾深衣左襟接长，可以右掩至背后，曲裾续衽钩边的特点表现得非常明显。再以直裾深衣与战国之衣相比，后者衣襟尚且还在身前，称不上"裾"，而马王堆出土的这件衣物，衣裾完全要掩到背后，已经是典型的襜褕。

长沙马王堆汉墓出土素纱禅衣与曲裾深衣

从史籍记载来看，西汉时期，襜褕还主要是女装，男子穿着襜褕是违反礼法的行为。（见《中国服饰》，第155页。）《史记·魏其武安侯列传》记述，"元朔三年，武安侯坐衣襜褕入宫，不敬"。后来司马贞给《史记》作注释，解释说："襜，尺占反。褕音逾。谓非正朝衣，若妇人服也。"武安侯田蚡是汉武帝母亲王太后的同母弟，经常入宫去拜见王太后，因为穿着襜褕入宫，被指责为大不敬。说明当时男子穿襜褕为不合时宜。《汉书·隽不疑传》中还记录了和襜褕相关的另一件事，"始元五年，有一男子乘黄犊车，建黄旐，衣黄襜褕，著黄冒，诣北阙，自谓卫太子"。这事发生的背景是汉武帝刘彻已薨，汉昭帝初即帝位。卫太子何许人也？他是汉武帝刘彻和卫子夫皇后所生的儿子，曾立为太子，因卷入巫蛊之祸惨死。他的死，给渐入暮年的武帝带来了沉重的打击，祸乱平息后，武帝开始思念死去的卫太子，为枉死的亲人和大臣们平反，还特意建了一座"思子宫"，来寄托自己的哀思。卫太子逝后，汉武帝继立幼子刘弗陵为太子，即昭帝。汉昭之初，京城居然有男子自称为卫太子，可谓是醉翁之意不在酒，这直接对昭帝皇位的正统性提出了挑战和质疑。在这样的背景下，自称卫太子之人，其装扮在史家笔下显得相当怪异，"乘黄犊车，建黄旐，衣黄襜褕，著黄冒"，帝王家以黄色为尚，但此人坐牛车，穿着被视为女子衣装的襜褕，不男不女，不伦不类，可谓怪异之极。这个状貌如妖怪鬼物的人，经简单的审讯后，被定罪为妖人，斩于东市。从这两个故事可以看出，西汉前期、中期，襜褕还没有成为男子的便服。

东汉后，此种状况有了一定的变化，这从张衡的《四愁诗》中可以窥知一二：

我所思兮在太山，欲往从之梁父艰。侧身东望涕沾翰。

美人赠我金错刀，何以报之英琼瑶。路远莫致倚逍遥，何为怀忧心烦劳。

　　我所思兮在桂林，欲往从之湘水深。侧身南望涕沾襟。美人赠我琴琅玕，何以报之双玉盘。路远莫致倚惆怅，何为怀忧心烦伤。

　　我所思兮在汉阳，欲往从之陇阪长。侧身西望涕沾裳。美人赠我貂襜褕，何以报之明月珠。路远莫致倚踟蹰，何为怀忧心烦纡。

　　我所思兮在雁门，欲往从之雪雰雰。侧身北望涕沾巾。美人赠我锦绣段，何以报之青玉案。路远莫致倚增叹，何为怀忧心烦惋。

　　所谓"来而不往非礼也"，答赠，不仅是出于礼仪，还体现了内心情感的交流，早在周代，人们就已经开始通过互赠信物，来表达彼此的爱慕。"投我以木瓜，报之以琼琚。匪报也，永以为好也。"（《诗经·卫风·木瓜》）《四愁诗》也是延续了这一传统。据说此诗是张衡担任河间相期间所作，范晔《后汉书·张衡传》里提到，"永和初，（衡）出为河间相。时国王骄奢，不遵典宪；又多豪右，共为不轨。衡下车，治威严，整法度，阴知奸党名姓，一时收禽，上下肃然，称为政理。"河间王刘政骄横奢侈，藐视国法，在这样的国君手下讨生活，想必是件苦差。虽然张衡才能出众，将国中大小事务都打理得非常妥帖，这主从之间的种种微妙，恐

怕难以为外人道。南朝昭明太子编《文选》，收录了张衡的这首
《四愁诗》，就委婉地提到他担任河间王相期间，是相当地不开心，
故而"效屈原以美人为君子，以珍宝为仁义，以水深雪雰为小人。
思以道术相报贻于时君，而惧谗邪不得通"。意思是说，在《四
愁诗》里，作者千呼万唤，执着追求的"美人"，其实暗指河间王，
作者通过这种隐约的暗喻，来表达上下相睽、君臣隔阂的伤感。

姑且不论《文选》的分析是否一语中的，张衡的这首诗写得
缠绵悱恻、哀感顽艳却是不争的事实，或许其中也的确包涵着一
些微言大义，但如果将它放在中国古代最动人的情诗中，大概也
是当之无愧的。在诗中，我们可以发现，貂襜褕已经成了美人赠
送给情人的重要信物，那应该是很珍贵的礼物，不然，情人怎么
会用那么贵重的明月珠来回报呢？

貂襜褕，顾名思义，是用貂皮制作而成的直裾长衣，能用珍
贵的貂皮来做襜褕，可以推知在东汉时期，制作襜褕的工艺已经
日渐成熟，并且，襜褕也渐渐成为男子的常备之服。《东观汉记》
中记载，"耿纯率宗族宾客二千余人，皆衣缣襜褕、绛巾，奉迎上。"
西汉末年，王莽篡位，天下大乱，群雄逐鹿中原，耿纯最初是更
始帝的臣子，后来弃暗投明，率领宗族家人投奔刘秀，投奔时，
两千多人都身穿襜褕。可见，东汉创建之初，穿着襜褕参加社会
活动，已经为公众所认可接受。

四

大概也是在东汉时期，襜褕和袍，渐渐出现了合二为一的趋势，发展到后来，就是袍大行于世，襜褕则成为了一段过往的历史。袍，最初也是一种深衣，但它是内衣，并且纳有绵絮。《释名·释衣服》称"袍，苞也。苞，内衣也"，又如《礼记·丧大记》中记述，"袍必有表"，表指外衣，这都说明，在最早的时候，袍是作为内衣穿用的。这种上下相连，合体称身的衣服，穿起来方便舒适，又简捷省事，很受人们欢迎，开始渐渐将它当作外衣来穿。由于袍衣内纳有绵絮，不便做成曲裾，在式样上，更多采用了直裾，这就与襜褕不谋而合了。于是，大约在东汉时期，襜褕与袍衣开始了融合的进程，到后来，无论是否纳有绵絮，这种直裾样式的长衣，都统称为袍，襜褕一词渐渐淡出中国服饰史册。(见《中国历代妇女妆饰》，第203页。)如长沙马王堆汉墓出土的直裾之衣，鼓鼓囊囊，其中纳有绵絮，这已经是较为正式的袍。从该图中还

长沙马王堆汉墓出土的直裾之衣

能看出，汉代袍衣的袖子，都比较宽松，尤其是臂肘处宽大松快，圆展如弧。这种衣袖被称为袂，又因其形如牛之垂颈，也称牛胡。不过，衣袖虽然宽大，从肩到肘，笔直垂下，至袖端，却还要略加收束，加以袖口，也称祛，（见《中国历代妇女妆饰》，第204页。）或许是出于保暖及做事方便的考虑。袍衣在汉代，已经成为男女通用的服装，《后汉书·舆服志》中记述，"公主、贵人、妃以上，嫁娶得服锦绮罗縠缯，采十二色，重缘袍"，可见袍服已是贵族女子的重要礼服。

随着袍服变成外衣，人们开始更多地注重它的美观性，通常会在领、袖、襟、裾等细节部分加以缘边修饰，还会在袍身加上精美的装饰。晋代著名的神话小说《搜神记》中曾记载过一个与袍服有关的故事：汉代男子谈生，年过四十，尚且孤身一人。在那种男权至上的年代里，孤身难娶的男子，想必实在是穷困潦倒，所以娶不起老婆。某天半夜时分，突然地，不知怎么就有妙龄少女向他投怀送抱，谈生自是大喜过望。两人缱绻良久，后因各种原因被迫分离。临别时，谈生与少女都伤感流涕，互赠信物，女子"以一珠袍与之。裂取生衣裾，留之而去"。此处提到的珠袍，就是一种缀有珍珠宝石的长袍，非常名贵。谈生家里揭不开锅，把这件珠袍拿出去变卖，被别人发现是贵族王家之物。王家小姐年纪轻轻就亡故了，珠袍是她的陪葬之物，原本应该陪在女儿身边的珠袍，怎么会落到谈生手中呢？除了盗墓，还有其他的解释吗？谈生也没想到，这珠袍竟有如此复杂的来历，在王大人威严的目光之下，他战战兢兢地说出了与少女的一段露水情缘。王大人半信半疑，掘开女儿的坟墓，但见王小姐面色如生，身下还压着一截衣裾，正是谈生之物。王大人睹物思人，老泪纵横，将对亡女的爱，转移到谈生身上，不仅认他为女婿，还多加厚赠。

谈生可谓因祸得福。这个故事当时流传很广，干宝郑重其事地将其收入《搜神记》，可见对此深信不疑。然而，通过当今学者的考证，发现其中疑点重重：盗墓之风在魏晋时期非常猖獗，朝廷虽然严厉打击，仍然屡禁不止。但在物流不畅的古代社会，盗墓贼很难远销赃物，他们若在乡里之间就近出手，又容易被墓主家人发现。为逃避惩罚，规避风险，假借人鬼情缘之名，暗行盗

墓销赃之实者,当不乏其人其事。撇开这些荒诞的故事不论,从《搜神记》里记载的这个故事可以看出,在汉魏时期,人们已经越来越重视袍服的美观性,而袍服也越来越为人们所喜爱和珍视。

起初,袍服以阔袖为美。魏晋时期,天下动荡,北方大量少数民族涌入中原,他们的服饰习惯很快影响了汉人的着装,一个明显的表现就是袍服的衣袖渐渐变窄。北地苦寒,加以少数民族多游牧逐水草而居,他们的习惯是收紧袖口,为保暖,也为了做事方便利索。受北方少数民族习俗影响,渐至隋唐,袍服的款式有了一些改变:最初的袍服往往是交领、大袖,到后来慢慢也有了圆领、窄袖的式样。隋唐时期的女性,大概是中国历史上最不甘心被默默遮蔽在男性身后的女性,她们闯入政治的禁地,分享男性的特权,在服饰妆扮上,也将这份豪爽挥洒得淋漓尽致。这种圆领窄袖袍服,英姿飒爽,简洁利落,既便于行走,又能防

章怀太子墓《观鸟捕蝉图》中女子圆领袍

寒保暖，它很快成为唐代袍服的重要组成。唐代袍服的大气豪迈，还和一段优美动人的爱情传说联结在一起，化作了唐诗里的千古风流史话。

众所周知，唐玄宗李隆基是历史上又一位好大喜功的皇帝，所谓"武皇开边意未已"，他在位期间，发动对邻国的战争，大大小小有数十场。"车辚辚马萧萧，行人弓箭各在腰"，成千上万青壮年士兵被驱迫上战场，当时的疆场大多在北方，天气苦寒，将士们有些抵受不了，消息传回后方，玄宗一声令下，后宫里的妃嫔们，都带着宫女们忙碌起来，她们亲手缝制了大批棉袍，以激励前方将士。这批来自宫阙的棉袍很快送到了士兵手中，众人大喜，纷纷选择合适的棉袍穿将起来，有位士兵也幸运地分得了一件，他兴高采烈地将棉袍穿上，很是合身，只是，在棉袍的腰际，怎么露出了一个明显的线头，用手摸索，还有窸窸窣窣的声音，仿佛里面藏有东西。按捺不住好奇心，他扯住线头用力一拉，棉袍的侧腰居然沿线而开，一张粉红色的纸笺飘然落下，拾起一看，娟秀的小楷写着四行字："沙场征戍客，寒苦若为眠。战袍经手作，知落阿谁边？蓄意多添线，含情更著绵。今生已过也，重结后身缘。"

大唐从来都是诗歌的王国，上至贵族，下到贫民，对诗歌无不耳濡目染，即使是沙场征战的兵士们，往往也能略通文墨。这名士兵很快就读懂了诗中的缕缕柔情，再一打听，这批棉袍来自宫阙，如此看来，这首诗分明出自禁宫，这让他略感为难，按照

清·吴求《豳风图·缝衣》

军队里的纪律,他必须把这首情诗交给长官,可是如此一来,这做诗人可就祸福难测了。几经踌躇,他把这首诗呈给了将军,将军一读之下,大为感动,可他同样不敢怠慢,只能将这首诗呈送宫阙。这样,这首缠绵悱恻的情诗就辗转放在了唐玄宗的案头。

"普天之下，莫非王土；率土之滨，莫非王臣"，这深宫里的女子，竟敢对沙场征战的士兵起思慕之意！这不禁让自诩风流的大唐皇帝心生不快。不过，开元年间的玄宗还算得上是明君，他转念一想，后宫佳丽三千，能得到宠爱的，却寥寥无几。大多数宫人，都不得不在长久的寂寞中打发时光，这对于绮年玉貌的女子而言，的确是残忍的折磨。看那诗中所写，"今生已过也，重结后身缘"，哀苦伤感之意，溢于言表，简直令人不忍卒读。感念及此，唐玄宗即令传诗后宫，赦作诗人无罪，要她即刻现身。千呼万唤之下，终于有一名宫人自承，玄宗对她和颜道："不用等到来世，我将为你结今生缘。"于是送她出宫，并赐婚他人。此女可谓因祸得福，而在这个故事里扮演着媒介角色的，正是那件棉袍。

袍服发展到后来，在中国服装体系中的位置也越来越重要。随着满清入主中原，满族女性所穿的旗袍，渐渐成为女性袍服的重要分支。清末民国时期，旗袍更是变得风格多样，摇曳多姿，当时旗袍的样式及特征，在张爱玲的散文《更衣记》中有非常详细的记录，身着旗袍的女性，穿行在都市中，俨然成为现代时尚女性的领军。

五

大约是在东汉后期,另一种形式的深衣开始出现在人们的日常着装中,那就是衫。具体而言,衫和袍有三点差异:首先,

唐孙位《高逸图》(局部)

衫是单衣，里面没有夹层，这和可以纳入绵絮的袍大为不同；其次，袍服的袖口往往因御寒而缩紧，但衫的保暖功能不突出，所以袖口翩翩阔大，多为大袖；第三，袍服是交领大襟，而衫则为对襟，衣领绕至颈后，两襟敞开，飘然散落。（见《中国历代妇女妆饰》，第 206 页。）这种衫衣在两晋时期相当流行，可能与两晋时人喜欢服用"五石散"不无关系。彼时，文人阶层中流行吞食五石散，这是一种热性药物，吃下后浑身发烧，遍体燥热，为"行散"方便，将五石散的热性更好地发散出来，人们不得不穿着宽袍大袖的衣服，敞襟阔袖的衫衣于是广受青睐。并且，当时人崇尚"越

顾恺之《洛神赋图》中身着宽衫的男子

名教而任自然"，强调不拘泥于世俗礼法，提倡纵情畅意的生活，穿着衫衣，敞胸露臂，被视为对礼教的挑战、对传统的不屑，这使得衫衣深得文人士大夫之青睐。如孙位《高逸图》中的士人，就是身穿宽衫，又如《洛神赋图》中的男子，也是穿着大袖宽衫，都是对当时社会流行风气的真实写照。

受男子着衣风格的影响，两晋以来，单衫也很受女性欢迎。在著名的《孔雀东南飞》里，单衫已经惊鸿一现：那是在兰芝被休回娘家之后，求亲的人络绎不绝，霸道的兄长自作主张，将她许配给了太守的公子。在那样的年代里，像兰芝这样被休弃回家的女子，居然能引得一郡之中的青年才俊们竞相登门求亲，足见其魅力。她也的确完美，不仅温柔贤淑，更是琴棋书画无所不能，还精于女红。再婚的佳期已经定下来了，只有两三天就要过门了，阿母来不及赶制嫁妆，这却一点儿都难不倒兰芝，只见她"左手持刀尺，右手执绫罗。朝成绣夹裙，晚成单罗衫"，短短半天的工夫，就能做成一件单罗衫，这其中固然不无诗人的夸张，也说明了在刘兰芝生活的年代，单衫已经是比较普及的女服，并且制作技艺已臻完善。不然，刘兰芝再怎么心灵手巧，也很难在如此短的时间里完成一件单衫的制作。

《孔雀东南飞》最早见于南朝陈国徐陵所编《玉台新咏》，题为《古诗为焦仲卿妻作》，该诗虽然取材于东汉末年，却完稿于南朝，诗中的诸多细节，更多应视为南朝习俗的反映。此处关于单罗衫制作的描写，也应作如是观。南朝民歌中，"单衫"的意象曾多次出现，说明当时的女性盛行着衫衣。南方气候温暖潮湿，夏季偏长，这种得天独厚的气候环境，使得单衫在江南的流行成为可能。更何况，南朝的温山暖水熏陶出了娇艳美丽的吴越佳丽，她们的青春，只有在飘逸飞扬的衣裾上，才能得到最灵动的展现。她们妩媚的身影跳跃在江南民歌婉转旖旎的曲调里，那分明是轻风拂动、单衫飞扬的身影。有一首《西洲曲》写得最是传神，最能展现南朝民歌的风采：

> 忆梅下西洲，折梅寄江北。单衫杏子红，双鬓鸦雏色。
> 西洲在何处？两桨桥头渡。日暮伯劳飞，风吹乌桕树。树下
> 即门前，门中露翠钿。开门郎不至，出门采红莲。采莲南塘秋，
> 莲花过人头。低头弄莲子，莲子青如水。置莲怀袖中，莲心
> 彻底红。忆郎郎不至，仰首望飞鸿。鸿飞满西洲，望郎上青楼。
> 楼高望不见，尽日栏杆头。栏杆十二曲，垂手明如玉。卷帘
> 天自高，海水摇空绿。海水梦悠悠，君愁我亦愁。南风知我意，
> 吹梦到西洲。

这首《西洲曲》，写少女思念情人，从春至秋，场景不断巧妙转换，却又能衔接得天衣无缝，结构上可谓精巧至极。写景清新自然，抒情宛转缠绵，一词一句都自如流转，精致流丽又不露雕琢痕迹，堪称中国诗歌的经典之作。"单衫杏子红，双鬓鸦雏色"一句，少女的青春、美丽、活泼、时尚，都跳动于字里行间。在

唐阎立本《步辇图》

这春夏之交的好日子里，天气明媚，美丽可爱的少女念兹在兹的，
是她的心上人。她穿上了杏红色的单衫，鲜艳的色彩映衬着她娇
艳的容貌，而一袭薄薄单衫，轻轻贴着她那青春逼人的胴体，勾
勒出少女的美好曲线，她一心想着要以最美的姿态出现在爱人面
前。这样的青春，这样的美丽，这样的爱情，这正是江南的美丽，

也是轻罗单衫的魅力。

南北朝以后，中国历史再次迎来了大一统的时期，北方少数民族的风俗，迅速进入中原并为汉人所接受。这种影响反映在服饰方面，一个很重要的特点就是，衫衣的袖子也开始变窄。唐人画像里，多有身穿窄袖轻衫的女子，如阎立本所作《步辇图》中，宫女都穿着窄袖衫。

唐代诗歌中，也多见对窄袖衣衫的咏叹，如白居易《柘枝词》"绣帽珠稠缀，香衫袖窄裁"，李贺《秦宫诗》"秃襟小袖调鹦鹉，紫绣麻缎踏哮虎"，再如白居易《上阳白发人》"小头鞋履窄衣裳，青黛点眉眉细长，外人不见见应笑，天宝末年时世妆"，可见盛唐普遍以窄袖衫为时尚。此种着装风格在中晚唐时期，渐

渐又有了一些变化，这从当时文人的记述能窥知一二。白居易和元稹是一对好朋友，他们经常通信谈诗论文，偶尔也会谈论一下当时社会上的一些现象，元稹《叙诗寄乐天书》里提到，"近世妇人晕澹眉目，缩约头鬓，衣服修广之度，及匹配色泽，尤剧怪艳"，意思是说当时女子已经比较喜好穿着宽大衣服，衣裳的长度、宽度，到了令人吃惊的地步。这种状况可以参看白居易《和梦游春诗一百韵》，诗中写到元和时期服装流行"风流薄梳洗，时世宽妆束"。元和是唐宪宗的年号，时间大致是公元806年—820年，距离上文白居易《上阳白发人》中提到的天宝年间（742–756），相隔五十余年，着装风格已经大变。

　　半个多世纪以来，世事变幻如白云苍狗，女性流行服饰的变

周昉《簪花仕女图》（局部）

《引路菩萨图》

化亦属当然。即以衫衣视之，中晚唐时期，女性的衣衫，又开始以宽博的袖子为美，如托名为唐代著名仕女画家周昉所作的《簪花仕女图》中女子，都身着透明飘逸的轻衫，摇曳多姿，婀娜动人，雪白粉嫩的手臂，在透明的衫袖之下，清晰可见，而她们的手腕，也可以毫不费力地从宽大的袖口中滑出，这是对中晚唐女性衫衣的生动写照。还可以参看敦煌出土的另一幅《引路菩萨图》，创作时间大概稍晚于《簪花仕女图》：画中的菩萨，身披轻衫，胸口半露，粉腕从宽大的袖口中伸出，风姿绰约，肌肤微丰，充分体现了唐人推崇的女性美。

中晚唐以来，女性喜欢穿着薄透的轻衫，展现身形之美。这种风气一直延续到五代时期，五代后蜀国王孟昶的爱妃花蕊夫人，曾作有《宫词》"薄罗衫子透肌肤"，《花间集》中亦有句云"如今却忆江南乐，当时年少春衫薄"，可见大唐开明奔放的风气，在五代时期还仍有余绪。五代的女性，仍然喜爱身披轻薄罗衫，这种状况直到宋代才有所改变。

宋代女性同样喜好单衫，与前朝不同的是，宋代理学昌盛，社会风气渐趋保守，在这种社会氛围之下，女性的衣着也渐渐向素雅、庄重、保守的方向发展，此时，如果仍然像前朝女性那样袒胸露臂，就变得有些不合时宜了。聪明的宋代女性很快想出了两全其美的法子，那就是在单衫之下再着内衣，或在单衫内平添衬里，以成夹衫。（见《中国历代妇女妆饰》，第206页。）宋代最富才情的女词人李清照就很喜欢穿夹衫，她曾填词《菩萨蛮》云"风柔日薄春犹早，夹衫乍著心情好。睡起觉微寒，梅花鬓上残"，又如《蝶恋花·暖雨晴风初破冻》下阕中写道："乍试夹衫金缕缝。山枕斜欹，枕损钗头凤。独抱浓愁无好梦，夜阑犹剪灯花弄。"

福建福州南宋黄昇墓出土大袖和背子

所谓金缕缝，是对精致缝袖的美誉，袖子阔大，需要两幅布拼制，接口处露出袖缝，有碍美观，于是就有人别出心裁地在袖缝上镶上一圈镂金花边，称为金缕缝。如福州出土的南宋黄昇墓中的夹衫，袖袂就明显是由两幅布裁制而成，中间有一道明显的镂金花纹，正是金缕缝。（见《中国历代妇女妆饰》，第206页。）

宋代衫衣的风格，仍然保留着衣袖宽大的特色，故而有宋一代，衫衣又称"大袖"。这种大袖衫衣，深受贵族女性喜爱，而民间则不尽然。大袖衫衣固然美观风雅，却不便劳作。于是，另一种紧缩袖口的窄袖衫衣，也称"背子"，赢得了民间女子的更多眷念。

背子和大袖的区别，主要在于窄袖和宽袖之分。宋代画家刘

宋刘宗古《瑶台步月图》

南宋《歌乐图》(局部)

宋《杂剧人物图》

太原晋祠圣母殿北宋彩塑侍女立像

宗古曾作《瑶台步月图》，画中女子清丽瘦削，都穿着紧袖背子，显得娴静文雅。

又如南宋佚名画家所作《歌乐图》，图中的歌姬们，都身穿背子，再如宋人所画《杂剧人物图》中的女演员、太原晋祠圣母殿北宋彩塑侍女立像等，图中的女性，都着背子。可见，两宋时期，背子已经广泛流行，成为社会各阶层女性都普遍钟爱的一种着装。

明清以后，大袖和背子依然广泛在民间流行，并为女性所喜爱。

《深衣考·深衣形制》

（明）黄宗羲

以白细布为之，度用指尺。以各人中指中节为寸，羲尝以钱尺，较今车工所用之尺，去二寸，则合钱尺。

衣二幅，屈其中为四幅。布幅阔二尺二寸。用二幅，长各四尺四寸，中屈之，亦长二尺二寸，此自领至要之数，大略居身三分之一。当掖下裁入一尺，留一尺二寸以为袼，其向外则属之于袂，其向内则渐杀之，至于要中，幅阔尺二寸矣。

袥二幅。其幅上狭下阔，阔处亦尺二寸，长与衣等，内袥连于前右之衣，外袥连于前左之衣。

裳六幅。用布六幅，其长居身三分之二交解之，一头阔六寸，一头阔尺二寸，六幅破为十二，狭头在上，阔头在下，要中七尺二寸，下齐一丈四尺四寸，盖要中太广则不能适体，下齐太狭则不能举步，而布限于六幅，两者难乎兼济，古之人通其变，所以有交解之术也。世儒不察，以为颠倒破碎，思以易之，于是黄润玉氏有无裳之制，则四旁尽露，不得不赘以裾袥。王廷相氏增裳为七幅，以求合乎下，则要中旷荡又假于辟积，何如交解之为得乎？

续袥。续袥者，衣与裳相连属之也。郑氏曰："凡袥者、或杀而上，或杀而下，是以小要取名焉。"郑氏亦既明乎衽之说矣，而乃连合裳之前后以为续衽，何也？盖衣裳相合，则上下大而中小，斯成为衽，不合，故不可以为衽也。衣六叶，每叶广尺二寸。裳十二叶，每叶广六寸。故裳二叶属衣一叶，裳二叶乃一幅也，衣六幅，裳六幅，经文所谓"制十有二幅"者是也。或曰："续衽者，以内外衽续之于衣也，后世失深衣之制，至为无衽之衣，则此续衽正足为有衽之证。"羲曰："不然。深衣之所以得名，由其衣与裳续也。经言其制度，不应于得名之由，终篇不及，举末而遗本，有以知其不然矣。若夫有衽之证，则裳之不可为十二幅也。袷之所以能方，衽之当旁也。"

钩边。钩边，谓缝合其前后也。盖衣裳殊者，衣则从袼下连其前后幅，而不尽者数寸，以为袴；裳则前三幅后四幅，各自为之。深衣，乃自袼下，以至裳之下畔，尽缝合之，左右皆然。郑氏谓"不殊裳前后"，是钩边也。而以之解续衽，误矣。盖续衽其横，而钩边其直也。今之制衣者，其礼衣四旁，以裾衽赘之，而不缝合，其去裾衽而缝合者，反谓之褒衣。去古远矣。

袪二幅。用布二幅，各中屈之，如衣之长。属于衣之左右，从袼下渐圆，以至袂末，而后缝合之，留其不缝者一尺二寸，以为袪，其袂末，仍长二尺二寸也。

袷二寸。衣之两肩，各剪开寸许，另用布一条，阔二寸，加于其上，一端尽内衽之上，一端尽外衽之上，两衽交捬，则其袼自方。

缘寸半。用黑缯三寸，领也，袖口也，两衽之边也，下齐也。内外夹缝之，则缘寸半。

带四寸。用白缯四寸夹缝之，其长，围要而结于前，再屈为两耳，垂其余，为绅下，及于齐。以黑缯一寸，缘其绅之两旁，及下亦夹缝之，谓之辟襞。又以色丝绳贯其耳，而约之其实。带阔二寸，辟半寸。

缁冠。糊纸或乌纱，加漆为之。裁长条，围以为武，其高寸许。又裁一长条，辟积左缝，以为五梁，广四寸，长八寸。跨顶前后，著于武外，反屈其两端，各半寸，向内。武之两旁，半寸之上，窍以受笄，笄用象。

幅巾。用黑缯六尺，中屈之，分为左右刺。左五寸、右五寸，作巾额，当中作帻。帻者，从里提其两畔之缯，相凑而缝之。其中空，乃以左叶交于右，右叶交于左，线缀之其顶。突起，乃屈其顶之缯藏于里，使巾顶正圆，而后缝之两旁三寸许，各缀一带，广一寸，长二尺，以巾额当前裹，而系于带于后，垂之。

黑履。用皂布作履，以丝条二条为双鼻，缀于履头，谓之絇。履面亦缀以丝条，谓之繶。履口周围缘以绢，谓之纯。履后系带，前穿于絇，谓之綦。四者皆用白色。

四　泽衣：长留白雪占胸前

仕至千钟非贵，年过七十常稀，浮名身后有谁知？万事空花游戏。休逞少年狂荡，莫贪花酒便宜。脱离烦恼是和非，随分安闲得意。

《西江月》

　　这首《西江月》摘自明冯梦龙所编《喻世明言》的首篇——《蒋兴哥重会珍珠衫》，其警示之意不言而喻。据说这是一个发生在晚明社会的真实故事：襄阳小商人蒋兴哥娶了美貌娘子三巧儿，夫妻恩爱。怎奈迫于生计，蒋兴哥不得不作别娇妻，前往南方经商，一别二载。三巧儿在家中百般无聊，被徽州商人陈生窥见花容月貌。大概也是前世冤孽，风月场中耍惯的陈生对她一见倾倒，想尽千方百计引诱。终于，七月初七，本是天上牛郎会织女的日子，千里之外的兴哥大概正在遥望明月，牵挂家中爱妻。何曾想到，在这样一个特殊的日子，另外一个男人却登堂入室，成为了三巧儿的入幕之宾。怎奈商人的本性就是重利轻别离，兴哥如此，陈生也不例外。陈生与三巧儿往来差不多半年有余，放心不下家中生意，只得作别佳人，打道回乡。被情欲蒙蔽的女人，智商几乎已经下降为零，她居然将蒋家祖传之物——珍珠衫赠给情人，"这件衫儿，是蒋门祖传之物，暑天若穿了它，清凉透骨。此去天道渐热，正用得着。奴家把与你做个记念，穿了此衫，就如奴家贴体一般。"

陈生"有了这珍珠衫儿，每日贴体穿着，便夜间脱下，也放在被窝中同睡，寸步不离"。对于三巧儿，他是真心喜爱，只是，男人的虚荣心，将这段原本应当永远不见天日的私情引上了一条不归路。陈生在路上结识了一位罗小官人，居然也是襄阳人，两人年貌相当，经历相仿，很快成了知心朋友，他忍不住向新结交的朋友夸耀自己的艳遇，连珍珠衫也卖弄给新友看。何曾想到，对面沉吟不语的罗小官人正是兴哥，他为行走江湖方便，用了这么一个假名字，未曾想居然撞见了妻子的情人。到底是冲州闯府的老江湖，兴哥不动声色间已将妻子与陈生的首尾了解清楚。眼见自家的祖传宝物穿在陌生男人身上，还是由爱妻亲手赠出，可见她对这个男人的真情，他内心酸楚，却还有几分自责："当初夫妻何等恩爱，只为我贪着蝇头微利，撇他少年守寡，弄出这场丑来，如今悔之何及。"

怏怏作别陈生，他回到家中，并无多言，一纸休书将三巧儿发回娘家。愤怒的老丈人赶来质问，他轻轻一句话就挡了回去，"家下有祖遗下珍珠衫一件，是令爱收藏，只问他如今在否。若在时，半字休题；若不在，只索休怪了。"此言既出，覆水难收，于是仳离。失去了情人和丈夫的三巧儿只好再嫁他人为妾。

兴哥这边凄惨离别，陈生那头也不好过。他回到家中，生意一落千丈，妻子平氏发现了珍珠衫，和他吵闹不休。他又回到襄阳，却一病不起，平氏千里寻夫，只迎到一副棺椁，大恸不已。媒人怜她孤弱，特意登门作伐，对象却正是蒋兴哥。新人进门，相见两悦，她开始收拾心情，进入新的生活状态。一日凑巧，正在翻检旧时箱笼，兴哥进房来，一眼瞥见那件珍珠衫，大惊失色，细问由来，才得晓此中种种离合，这就是"蒋兴哥重会珍珠衫"了。

故事讲到这里应该告一段落了，它偏又平地起波澜。兴哥居然与三巧儿重逢了，不过是在公堂上：他陷入了一场人命官司，主审的官员正是三巧儿的后夫。三巧儿看见案宗，谎称兴哥是自己表哥，央求后夫救他一命，甚至不惜以性命相胁，"若哥哥无救，贱妾亦当自尽，不能相见了。"就凭她这句话，兴哥在鬼门关前走了一遭，得以生还。两人再见，相抱痛哭，后夫看出端倪，问清原由，不禁感慨万千，索性璧还归赵。兴哥带着三巧儿回到故乡，从此偕老。

这个故事起伏宕荡，行文峰回路转，吊足了读者的胃口。不过，如同今人写散文，追求"形散神不散"，故事虽千变万化，却始终围绕着"珍珠衫"做文章。从文中描述来看，这件珍珠衫是贴身之衣，夏天穿它，能生汗津，遍体清凉，不仅有祛热降温的功能，还隐喻着一定的含义：作为蒋家的祖传之宝，它喻示着家族的和睦兴盛，兴哥将它交给妻子保管，足见深情。三巧儿将这贴身内衣送给情人，意味着贞节的缺失，赠衣之时，她已经完全忘记了夫妻结发之情。陈生也是如此，情人之衣须臾不离身，又将家中的妻子置于何地？儒家伦理推崇家庭的稳定，秩序的井然，所有破坏秩序的人都将受到惩罚，就如同故事中那对破坏秩序的情人：男人客死异乡，女人则转徙他乡，在失节的茫然中懵懂度日。最后，珍珠衫重回蒋家，这是一个轮回，在经历一番变故之后，所有的人，所有的物，都回到原位，在固有的社会秩序和行为规范中平静地生活。稳定、安逸、满足，这才是儒家理想的生活状态。

或许因为珍珠衫是贴身内衣，小说中对之没有具体的描写，这差可说明传统儒家文化对内衣的态度。事实上，内衣在中国服装体系中占有非常重要的位置，在漫长的岁月变迁中，内衣不仅发挥着蔽体保暖的服饰作用，还承载了绵长的华夏文明，记录了古老而又神秘的东方文化。和其他服饰相比，中国古代典籍对内衣的记述不多，含蓄的先祖们将服饰看作是记录文化的特殊符号，儒家文化对个人身体的态度从来都是讳莫如深，这使得人们往往难以将视线穿透重重厚服，直达那薄薄的遮蔽之物，今人唯有在浩如烟海的古籍中爬罗剔抉，才能略微领略古代内衣的风情：那精心剪裁的肚兜，那欲掩还展的抹胸……

在儒家缜密森严的服饰文化体系之中，在重罗叠嶂的衣裳裙袍之下，却有着抵挡不住的风情，这大概就是东方文化的魅力所在：严正端直地出场，临去却回眸一笑，矜持却不乏妖媚，端庄又略带风流。如同《西厢记》里写的那样，张生和崔莺莺初次见面，惊为天人，方寸大乱。莺莺一见避去，却回头一望，只这秋波一转，便惹起张生的万种相思，也成就了一段惊世骇俗、哀感顽艳的爱情故事。东方女性对待情感的态度，和古老的内衣文化倒有一脉相通之处，往往掩风流于道学中，外谨严而内奔放。

在绵延千年的华夏文化里，内衣有多种称呼，包括泽、心衣、衵衣、汗衣、亵衣、帕腹、宝袜、诃子、抹胸、主腰、肚兜等。其中，"泽"的本意是汗水、唾沫，先秦时引申而具有了贴身内衣的含义。《诗经·秦风·无衣》开篇就说："岂曰无衣，与子同泽。"用今天的话翻译就是：怎么能说你没有衣服穿呢？我的内衣也可以和你共用。相传这首诗是秦国国王为鼓舞将士士气而作，从中能看出，春秋战国时的君王们，极其善于宣传鼓动，出征打仗，做战前动员，都能巧舌如簧、以情感人。而那些浸染在血雨腥风中的将士们，又怎能不为之舍身拼杀、效死疆场呢！

《无衣》产自秦地，高亢嘹亮，充分张扬了关中男儿的血性和豪迈，而在远离三秦的陈国（今河南安徽一带），则传唱着另一首歌谣，却和女人的内衣有关。"胡为乎株林？从夏南！匪适株林，从夏南！驾我乘马，说于株野。乘我乘驹，朝食于株！"（《诗经·陈风·株林》）其大意是：陈国的国王为什么总是要到株林那个地方去呢，是去看望大臣夏南吗？国王乘着高头大马，在株林吃喝玩乐，待上那么长时间，就是为了去看望夏南呢。一国之君大张旗鼓地看望臣下，还久久停留，本身就显得不合乎情理。此诗意在言外，含蓄地表达了讥讽之意。

诗中的陈王是有着昏君之称的陈灵公，他每次殷勤地跑到株林去，不是操心国事，也不是去看望名叫夏南的臣子，而是忙着与夏南的母亲夏姬约会。夏姬是当时著名的美女，她本是郑国的公主，少女时就已艳名大噪，引得一群男子拜倒裙下。那个年代的女人，原无贞节观念，看看先秦典籍中种种惊世骇俗的情感纠葛，再读读《诗经》中那些热辣辣的情歌，今人大致能对夏姬和她所处的环境有所了解。她翩然出阁了，名义上的夫君是陈国的大夫夏御叔。相守无多日，夏御叔一病而亡，留下了年幼的儿子夏南。虽有幼子相伴，夏姬并没有打算为死去丈夫闭守闺帷。相反，她开始在周围物色情人，于是孔宁和仪行父先后被她迎进香闺，他们有钱、有权，也都是她丈夫生前的好友。相比起来，仪行父人才更为出众，夏姬情感的天平渐渐倾斜，这招致了孔宁的嫉妒。为打击情敌，孔宁想了一个荒唐的点子，即把夏姬介绍给陈灵公，他开始在陈灵公的面前不断赞美夏姬，起初陈灵公不为所动，但架不住孔宁的再三劝说，他还是移步株林了。一身素衣的夏姬早已在门前迎驾，软语呢哝，眉宇之间的风情霎时就迷倒了陈灵公。太阳底下无新鲜事，"从此君王不早朝"的故事，在株林日日上演。

夏姬是一个很聪明的女人，无论她内心深处是否真爱她的情人们，在表面上，她做得无可挑剔。为表达对君王的情意，她脱下了贴身的内衣——衵衣，体贴地将它穿在陈灵公的身上。灵公大乐，向孔宁和仪行父炫耀这件衵衣，殊不料，那两人居然也都穿着夏姬赠予的衵衣，三人相视大笑，朝堂众臣为之侧目。此事史书中有明确记载，"陈灵公与孔宁、仪行父通于夏姬，皆衷其衵服，以戏于朝"（《左传·宣公九年》），短短二十多个字在《东周列国志》中被详细地铺衍成了"陈灵公衵服戏朝"的半章。

君臣共同拥有一个情妇，公然在朝堂上展露贴身内衣，的确无耻，而中国的历史也无数次地证明，君王无耻到极点时，其灭亡也就倚马可待了。陈灵公的荒淫，使得国人离心离德，在诛杀苦谏的忠臣后，这几人整天饮酒作乐，与夏姬厮混一处。母亲的种种不堪，落入夏南眼帘，如同芒刺在背。迫于灵公的权势，他一直忍耐。陈灵公爱屋及乌，让十八岁的夏南继承其父爵位，掌管陈国兵权。某日，陈灵公和孔、仪二人重会株林，又和夏姬一起谑浪笑傲，完全不成体统，夏南躲在屏风后窥听，听到他们居然以自己为戏弄对象，争相以他的"父亲"自许。正所谓是可忍，孰不可忍？夏南冲出去，挥刀砍死陈灵公，发动兵变，控制了陈国政权。这场政变的引子就是内衣，其事以桃色纠纷发端，以流血冲突而告终，惊动了当时各国诸侯，连孔子也对此高度关注，可见这场政变的轰动效应。

古人这样解释衵服，"衵服，谓日日近身衣也"（《左传》）。日日贴身的内衣，被君臣拿来作为调情的什物，可谓君不君，臣不臣，君臣之间的体统已经荡然无存。而维护国家和社会秩序的礼节一旦被破坏到一定程度，距离邦家的覆灭也就不远了，陈灵公的悲剧，即是明证。中国传统的政治语境与男女之情是不相容的，男女之间的那种激情，往往能迷惑人的理性和心智，给稳定的家庭和社会规范带来强大的破坏力，如果陷入情感的双方又正好处于政体上层，那祸乱就更加深重。从这个意义上来讲，夏姬与陈灵公君臣之间的滥情乱交是绝不见容于礼教纲常的。

天生万物，往往相反相成，或许正由于礼教社会对男女情爱的严厉禁锢，一旦真有情种出现，世人反而能给予更多的宽容和理解，当然，前提是男女双方远离国家政治的宏大舞台。同样的故事，放在不同的文化历史背景之下，世人的接受和解读也会随之发生变化，譬如另一个和祖衣有关的故事：

> 苏紫柳爱谢耽，咫尺万里，靡由得亲。遣侍儿假耽恒着小衫，昼则私服于内，夜则拥之而寝。耽知之，寄以诗，曰"苏娘一别梦魂稀，来借青衫慰渴饥。若使闲情重作赋，也应愿作谢郎衣。"谢亦取女祖服表之，后为夫妇。（元·伊世珍《琅嬛记》）

少女苏紫柳爱上了谢耽，从"咫尺万里，靡由得亲"来看，他们可能是近亲。"昨夜星辰昨夜风，画楼西畔桂堂东"，日日相遇，却不得厮守，这对于情感陷入狂热的年轻人来讲，无疑是世界上最痛苦的折磨。人们常说恋爱中的女子头脑简单，其实也不尽然，更多时候，坠入爱河的女性能激发出更多智慧。苏紫莈于惆怅失意中想出了一个好法子，她让丫鬟借来谢耽的贴身内衣，从此白天贴身穿着，晚上则抱在怀里入睡。既然不能碰触到爱人的肌肤，偎依着那带有他气息的衣物，也是难得的安慰。谢耽闻听紫莈如此痴情，感而赋诗："苏娘一别梦魂稀，来借青衫慰渴饥。若使闲情重作赋，也应愿作谢郎衣。"昔日陶渊明《闲情赋》云"愿在衣而为领，承华首之余芳；悲罗襟之宵离，怨秋夜之未央"，写尽相思之苦，谢耽在诗中借用了这个典故表达了心有灵犀之意。不仅如此，他还如法炮制，弄来了一件紫莈的内衣，穿在身上，以回应佳人的一片深情。在彼此隔离、音信难通的状况下，他们用独特的方式表达自己的心意，而祗衣，则扮演着 matchmaker 的角色，为有情人提供了交流沟通的渠道。

二

虽然袒衣是较早的内衣，但古代典籍中留下的记述并不多，也很难了解到其具体形制。两汉时期，文献中才渐渐多见与内衣相关的记述。当时内衣有多种称呼，如帕腹、抱腹、心衣、汗衣、鄙袒、羞袒等。汉代刘熙《释名·释衣服》中提到，"帕腹，横帕其腹也"、"抱腹，上下有带，抱裹其腹上，无裆者也"、"心衣，抱腹而施钩肩，钩肩之间施一裆，以奄心也"、"汗衣，近身受汗垢之衣也，《诗》谓之泽，受汗泽也"、"或曰鄙袒，或曰羞袒，作之用六尺裁足覆胸背，言羞鄙于袒而衣此耳"。从这些解释来看，彼时的内衣，以实用为主，上下有带，起到稳固、保暖的作用。并且，当时人已经以袒露为羞，多着内衣，目的在于遮盖前胸后背，以示雅正。从形制上来看，杨子华《北齐校书图》中，男子（左一）身上所穿的心衣，正是如此。

汉晋时期，人们对内衣还有一种更形象的称呼——"两裆"，

亦作"两当"。刘熙《释名·释衣服》称，"裲裆，其一当胸，其一当背，因以名之也"，清代的王先谦在《释名疏正补》中对之有更详细的阐释，"案即唐宋时之半背，今俗谓之背心，当背当心，亦两当之义也。"顾名思义，那是一种背心式的内衣，前后两片，前片遮胸口风光，后片挡背面风寒。两裆式内衣出现于汉晋，与当时流行的两裆铠可能有一定关系。两裆铠又称"两当甲"，由胸甲和背甲组成，肩部、腰部都用皮带扣连或紧束，如河北景县封氏墓出土陶俑身上所穿。两裆式内衣，形制大体上与两当铠相似，且多施于妇女。《晋书·五行志一》记述，惠帝"元康末，妇人出两裆，加乎交领之上，此内出外也"。晋惠帝治理国家无能，造成的后果就是政令松弛，社会风气放诞，此种风气在着装方面也有所体现。女性为追求美丽，居然将内衣翻作外衣，把背心略加改良，上端延长，挂在脖子上，以为时尚。现代女性往往有"内衣外穿"的时尚，殊不知，早在千年以前，晋代女性就已经创造性地采用了这种穿衣方式。

这种追求时尚的风气，甚至影响到了男子。江西南昌曾出土东吴男棺，其中随葬衣物遗策中即记有"故练两当一枚"，看来当时男子也可以穿着两裆大大方方地外出。魏晋南北朝时，江南一带流行吴声小曲，比较有名者如《子夜歌》《上声歌》《懊侬歌》《华山畿》等，曾唱遍大江南北。其中有《上声歌》八首，就提到了"两裆"，词中写道："新衫绣两裆，迮着罗裙里。行步动微尘，罗裙随风起。两裆与郎着，反绣持贮里。汗汗莫溅浣，持许相存在。"大意是痴情缠绵的女子，行步轻盈，正在含情脉脉地对情人倾吐心声：我拿到了你贴身穿的背心，即使上面有汗渍，我也舍不得浣洗，因为上面留有你的气息。此处，一咏三叹，一波三折，南朝少女对情感的表达既含蓄又缠绵。试想须眉男子，面对这样的款款深情，哪怕是百炼钢，也得化为绕指柔。

三

隋唐时期，内衣又有了新的变化。这首先体现在名称上，女性内衣被称为"宝袜"，诸多诗文可引为明证。如"锦袖淮南舞，宝袜楚宫腰"（隋炀帝《喜春游歌》），"倡家宝袜蛟龙帔，公子银鞍千万骑"（卢照邻《行路难》），"细风吹宝袜，轻露湿红纱"（谢偃《杂曲歌词·踏歌词》），"南国多佳人，莫若大堤女。玉床翠羽帐，宝袜莲花炬"（张柬之《相和歌辞·大堤曲》）等。内衣出现在众多诗人笔下，说明女性竞相以展现内衣为美，使得诗人们饱览之余，萌发了创作激情。其时，女性还流行穿一种名为"诃子"的内衣，可能是一种无带内衣。与历代不同，唐代女子着装较为开放，往往将裙子高高束紧在胸部，肩部、上胸和后背裸露，外罩以轻薄透明罗纱，映着女性细腻洁白的肌肤，极具美感。唐代许多绘画中，都能见到。如署名周昉所作的《簪花仕女图》中的仕女，左边那位身穿浅绿底镶红纹衣裙，右边的女郎则穿着大

《簪花仕女图》(局部)

红色衣裙，都是外罩薄纱，肌肤如雪、丰盈典雅，一缕女性独特的风流妩媚，逸然卷外。这样的女性在唐诗中比比皆是，如"日高邻女笑相逢，慢束罗裙半露胸"，"漆点双眸鬓绕蝉，长留白雪占胸前"，她们风姿嫣然，曲线玲珑，坦然地展现着自己的美丽。但在那齐胸的长裙内可能还穿着遮盖胸部的诃子，因其无带，所以难见。

相传诃子的发明者是杨贵妃，后人曾对此有过绘声绘色的描述，"贵妃私安禄山，指爪伤胸乳之间，遂作诃子饰之。"（宋·高承《事物纪原》）。语出理学气氛浓烈的宋人笔下，其真实性当可存疑。关于安禄山和杨贵妃的绯闻，历来是在野史笔记、小说记载中被铺衍得漫天盖地，正史中却鲜有记载。《新唐书·则天武皇后杨贵妃传》中记述，"禄山反，诛国忠为名，且指言妃及诸姨罪"，提到安禄山起兵后，为掩饰叛乱的罪行，特意抛出"清君侧"的由头，将矛头直接指向杨家兄妹。揆情度理，野心家与权贵之间有的只能是阴谋、勾结、倾轧和你死我活的争斗；那种"冲冠一怒为红颜"的情形，不过是局外人平添的猜测及感叹罢了。《资治通鉴》载："甲辰，禄山生日，上及贵妃赐衣服、宝器、酒馔甚厚。后三日，召禄山入禁中，贵妃以锦绣为大襁褓，裹禄山，使宫人以彩舆昪之。上闻后宫喧笑，问其故，左右以贵妃三日洗禄儿对。上自往观之，喜，赐贵妃洗儿金银钱，复厚赐禄山，尽欢而罢。自是禄山出入宫掖不禁，或与贵妃对食，或通宵不出，颇有丑声闻于外，上亦不疑也。"指斥安禄山巴结杨贵妃，以"母"尊之，在安禄山生日当天，唐玄宗和杨贵妃对他多加赏赐，杨贵妃更是别出心裁地玩了一回游戏，用锦绣绫罗作襁褓，将安禄山裹住，抬在轿里，在宫中转圈。唐代习俗，有"洗儿"之说，大概是小孩子生下后，要用特殊的药汤沐浴，《外台秘要方》"儿生三日浴除疮方"即用"桃根、李根、梅根各八两，右三味，以意着水多少，煮令三、四沸，以浴儿。""新生浴儿者以猪胆一枚，取汁投汤中以浴儿，终身不患疥疮"（《备急千金要方·卷五》）。究其大意，"洗儿"之风之所以盛行，一是为了增强抵抗力，二是为了图个吉利。

与新生乳儿不同，安禄山是个成年壮汉，年龄也比杨贵妃大了近二十来岁，这两人排演了一幕宫廷版的"洗儿"戏，如此，则贵妃之骄横、戏谑，禄山之隐忍、巴结，自是不言而喻了。

唐玄宗对此是何态度呢？晚年的他，将杨贵妃视若珙璧，宠爱她、娇惯她，对"洗儿"闹剧，他一笑置之。唐人对这段历史也多有提及，如"禄山宫里养作儿，虢国门前闹如市"（元稹《连昌宫词》）、"妃子院中初降诞，内人争乞洗儿钱"（王建《宫词》）等，对李唐皇室的荒唐暗含讥刺，但却并未提到杨贵妃和安禄山之间有什么特殊的暧昧情愫。与唐人的态度不同，宋人则一口咬定杨、安私情说，除高承在《事物纪原》中大爆二人绯闻，说得有鼻子有眼之外，连以史家正宗自居的《资治通鉴》也放开尺度，说出"颇有丑声闻于外"之类的小说家言。中国的正史历来有"春秋笔法"、"皮里阳秋"的隐晦传统，《资治通鉴》这样写，几乎等于坐实了杨贵妃和安禄山二人的"私情"。

四

　　许是基于理学的立场，从朝堂到民间，宋代的文人都否定了杨贵妃其人，这种否定是如此地彻底，甚至将唐代女子贴身所穿的衬子，与杨贵妃的绯闻联系在一起，给其抹上了一层放荡污秽的色调。可见，宋人并不欣赏唐代女子穿衣装扮上所表现出来的那种飘逸性灵，那份风流妩媚，这种心态，决定了宋代女性的内衣必然会向含蓄、婉约的方向发展。女子内衣，至宋代遂衍变为抹胸。"上可覆乳，下可遮肚"，是抹胸的基本形制。在抹胸的上端和腰间都各连两根帛带，分别系于颈后和背后，上可遮住胸部的曲线，下则覆盖腰腹，抵挡风寒。

　　早在北宋初年，抹胸已经见诸文人笔下：

　　　　樱花落尽阶前月，象床愁倚薰笼。远似去年今日，恨还同。　　双鬟不整云憔悴，泪沾红抹胸。何处相思苦？纱窗醉梦中。（李煜《谢新恩》）

这俨然是一幅闺中少妇思恨图。思妇斜斜地倚靠在象牙床边，阶前月光如水，照进了她寂寞的心田，使得她想起了去年的这个时刻，一年时光匆匆流逝，她的寂寞却不曾消除，只因为思念的人迟迟未归。为此，她烦恼不已，无心梳洗，只有泪下如雨，顺着脸庞、脖颈流下，

福建泉州黄昇墓出土的南宋抹胸

沾湿了胸前的一方红抹胸。李煜不愧为写情高手，一句"泪沾红抹胸"，极尽相思之苦，多情又守礼的少妇形象，刻画得淋漓尽致。有别于唐诗中热烈奔放的情感流露，宋人作诗填词，写男女之情，总忘不掉如影相随的"礼"，真情流露之际，欲说还休。故而宋人诗词中的小女子，柔弱有之，多情有之，却总带有几分摆脱不了的矜持。如王平子的《谒金门·春恨》：

> 旧一纸。小研吴笺香细。读到别来心下事，蹙残眉上翠。　　怕落傍人眼底，握向抹胸儿里。针线不忙收拾起，和衣和闷睡。

词中女子收到情书，看得难受至极，心中波澜起伏。为避免被别人看出自己的失态，她硬是将那张相思信笺塞进了自己的抹

胸，然后倒头闷睡。从整首词渲染的情境来看，此女可能是生活在大家族中的年轻妻子，时时刻刻都不得不循规蹈矩，以免落人口实。因此，她明明受着相思的煎熬，但顾虑到旁人的眼光，只好装作若无其事，还得忙碌地操持着针黹活计。

费孝通先生曾在《乡土中国》中提到，传统中国是紧紧绑定在土地上的乡土社会，在这样的社会里，人们只需要遵循既定的社会规范生活即可，这样有利于保持社会的安稳。乡土社会将家庭定位为养育子女的单位，夫妻双方只需各司其职，共同抚育子女，彼此之间的相爱、交流则完全没有必要。不仅如此，男女之间的爱情反而会受到社会的限制，因为两性之爱，往往会给当事人带来难抑的激情，而这种激情，对社会秩序无疑具有极大的破坏力。正因为传统社会不鼓励男女之间的爱情，丈夫和妻子之间，往往互相隔膜，情感淡漠。对那些谨守礼教的闺秀们而言，在严格的社会规范中将青春渐渐抛远，安分守己地过完一辈子，赢得贤妻良母的美名，大概是她们最好的出路了。与此相形的是，在传统社会里，却也有着那么一些不安分的女子，她们跃跃欲试，用女性特有的狡猾和妩媚挑战着森然的礼教，且来看看这段记述：

长夏斜阳欲暮，蝉噪柳阴，丽人新浴初罢，小酌玫瑰芳酿数盏，以菱藕诸鲜果佐之。饭余，出坐中庭斑竹榻上，维时炉爇沉水，清风徐来，或花间扑萤为戏，或随意鼓琴一二曲，顷之月色由廊而度画栏，过间阶，渐至窗下，丽人薄醉未醒，颜华微赪，眼波半溜，似有倦态，乃起步归阁，掀湘帘入。傍妆台，对芙蓉镜，卸髻边双凤，重绾云鬟，插瑶簪，堆茉莉，翘解冰绡。袒衣全露，皓腕滑腻如脂，横遮猩红抹胸，酥乳掩映。次解淡墨百褶裙，下曳皂色纨袴，斜倚床头，脱素罗袜，覆遮鸳鸯绣屐，见三寸许软底睡鞋，旋唤小鬟，捧凉茗饮毕，缓步近檀几前，剔起银灯，徐手携碧纱围扇，迎眸一笑，先入香帏，金钩戛声，细若碎玉，此时此境，为之郎者何如也？（清·汤春生《夏闺晚景琐说》）

这段叙述并不复杂，讲述了一个闺中女子在长夏傍晚的卸妆过程。从文中的描述来看，该女子可能并非良家，"袒衣全露，皓腕滑腻如脂，横遮猩红抹胸，酥乳掩映"，文人的笔墨，如同一只肆无忌惮的手，毫无顾忌地揭开了她身上的层层轻纱。从这般刻骨的描写来看，该女子可能是青楼女子，因为倘若是刻画闺秀，文人在落笔时，多少还会在心头存有一点顾忌，只有在将目光投向青楼时，他们才会毫不掩饰地写出心中的所思所欲。同样是一件抹胸，在宋词里是被遮掩的、静默的凝滞，规规矩矩的小妇人恪守着礼教的禁忌，哭和笑都不得自由，而在这段文字中，红抹胸却幻化成直接的诱惑。

猩红色，顾名思义，是如同猩猩血那样的红色，一种深沉的红色，在英文中被称为scarlet red，这种红色在英文中有"情欲"的含义，大概是因为它在视觉上带给人热烈、张扬的感觉。猩红

清·吕彤《蕉荫读书图》

色的抹胸裹住了女子的如雪肌肤，红、白二色相映，彰显着青春
的奔放和恣肆。敢于这样穿衣的女子，大抵对礼教不会有太多顾
忌。她卸妆完毕，"迎眸一笑，先入香帏，金钩戛声，细若碎玉，
此时此境，为之郎者何如也"，那种欲迎还拒、略带挑逗的神气，
在文人的想象里，俨然就是高唐神女的化身，这从当时人对此段
描述的评价能看出。所谓"世无周昉倩谁描？金屋何从觅阿娇？
幸有才人五色笔，写成好景上轻绡"（黄晓岩），"活色生香，写
生妙笔，虽令高年叟净行僧读之，亦必有眼醉魂疾。神酥情痒，
而不自禁者，於此叹才人心手，信是绝奇"（女史叶双凤），意思
是说才子之笔，真真不可小觑，其移情入性，恐怕连方外高僧也
要霎时动念。这样的评价不无夸张之嫌，但作者的确写得动人：
玉体横陈，一方猩红抹胸覆盖胸前，露与不露之间，分寸把握得
极好，这样的女子是深谙营造氛围之道，而能写出这般"香艳"
文字的作者汤春生，大概也是在红尘中历练久矣。如此，方能以
如许冷眼，窥透此中壶奥，只是，他知晓了其中奥秘，却依然无
力摆脱，很显然，他也完全不想摆脱。礼教在塑造了标准淑女的
同时，也将男性的想象和渴望驱进了青楼，驱进了文字世界，他
们真正向往的女子往往出现在礼教所不允许的另一个天地里，历
来无数文人的游仙梦想，都能印证此点，上面的这段文字，不过
是千年来文人绮梦的再现罢了。

　　文人如是想，而历来欢场中的女子，也深谙男子此种"游仙"

心理，并能巧妙地加以利用，为自己赢得更多缠头之资。清人赵翼就曾经讲述过一个"状元夫人"的故事，女主角就曾以一方红绡抹胸赢来了"状元夫人"的雅号和一笔厚赠。故事发生在广州珠江一带，当地人饰花船，出雏妓以迎客，称为蛋户，"珠江甚阔，蜒船所聚长七八里，列十数层，皆植木以驾船。虽大风浪不动。中空木街，小船数百往来其间。客之上蜒船者，皆由小船渡"，这种水上生意在清代中晚期无比兴盛，仰以为食者多达数十万人，官府屡禁不止，也只能睁只眼闭只眼。说来这伙人也是大胆，后来就打起了往来粤省官员的主意，居然也十取九中，不仅久历欢场者难以抗拒，甚至连素来洁身自好者也往往堕入毂中。

相传有某修撰大人视学粤东，此人素以严谨自律蜚声官场，来往应酬中，亦杜绝一切莺莺燕燕，在那样的环境里，的确称得上谦谦君子。某日，他视学完毕，舟回广州，偏偏就上了一艘花船。这花船从外观和其他安排上，和其他船并无多大差别，因此，这位长期在书斋中读"子曰诗云"的修撰并没有起疑心，欣欣然上了船，一心想着快点回家。待到晚来，船顶忽然漏水，渗到枕边，修撰急忙呼喊奴仆，久呼不至，正在没奈何之际，"忽船后一丽人。裸而执烛至。红绡抹胸，肤洁如玉，褰帷就视漏处。修撰不觉心动，遂昵焉"。原来，门户人家早已听闻修撰美名，故而安排下这等美人局来诓骗他，船顶漏水、呼仆不至、抹胸丽人从天而降等等，都是早已定下的计策。

事实也证明，修撰大人称不上柳下惠，大概此等饱受诗书熏陶的男子，心中总有段挥之不去的"游仙梦"，故而一遇佳人，即不虞有诈，轻松被人赚入彀中。这抹胸佳人缠上修撰后，显出一副恋恋不舍的样子，赌咒发誓要脱离风尘，安心从良。修撰大人何曾领教过此等人的手段，不由得感动无比，若非碍于官场清议，可能就要与她双宿双飞了。最后，修撰大人以五百两白银厚赠该女，方才了结此段风流。他这里还在伤感离别，那边，风尘女子拿钱走人，心中还在暗笑，她早已料定修撰面软心慈，种种难舍难分之态，不过是她表演出来，变相索要资斧的手段罢了。并且，她回乡后，大肆张扬此段艳遇，自称"状元夫人"，以高身价，而求见者简直踏破门槛。可笑修撰自以为得遇佳人，却反遭利用，成为若辈敛财的一面金字招牌，半世清名，付诸流水……

清人逸闻中"状元夫人"所着抹胸，其称呼还因地而异。如南宋福建地区则称为"襕裙"。明代凌濛初编《初刻拍案惊奇》，卷十七《西山观设箓度亡魂 开封府备棺迫活命》中叙及宋人往事，写到任道士调戏民间女子：

> 淳熙十三年正月十五日上元之夜……内中有两个女子，双鬟高髻、并肩而立、丰神绰约、宛然并蒂芙蓉。任道元抬头起来看见，惊得目眩心花，魄不附体，那里还顾什么醮坛不醮坛，斋戒不斋戒？便开口道："两位小娘子请稳便，到里面来看一看。"两女道："多谢法师。"正轻移莲步进门来，道元目不转睛看上看下，口里诌道："小娘子提起了襕裙。"盖是福建人叫女子"抹胸"做襕裙。提起了，是要摸他双乳的意思，乃彼处乡谈讨便宜的说话……

任道长不虔心学道，反而调戏民女，言语猥亵下流。小说中写他因为此事遭受天谴，丢了性命。从中亦可看到，传统社会里，女性的胸衣具有严格禁忌的意味，无论男女，一旦开启了此道禁忌之门，都将受到严厉的惩罚。

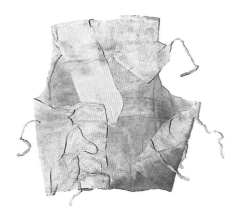

江苏泰州明墓出土的主腰

凌濛初编撰《初刻拍案惊奇》《二刻拍案惊奇》时，正是晚明社会世风日下，人心不古之时。随着商品经济的发展，朱明王室对民间社会的控制渐渐削弱，相比明朝初年，整个社会氛围更为自由，这在服饰上亦有所体现。明代女子内衣名"主腰"，款式复杂，或缀腰带，或钉纽扣，但都注重束身效果，以突出女性身体曲线。如江苏泰州明墓出土的主腰，腰部有三根带子，系扎起来，能起到一定的收腰效果。（见《中国历代妇女妆饰》，第221页。）《水浒传》第二十六回里也曾写到孙二娘穿着主腰，"……那妇

容于堂刻本《水浒传》插图

人便走起身来迎接——下面系一条鲜红生绢裙，搽一脸胭脂铅粉，敞开胸脯，露出桃红纱主腰，上面一色金纽"。容于堂刻本《水浒传》为此回配有插图，从图中能看到，孙二娘的主腰上，有非常明显的一排纽扣，将前胸紧紧束住。连性情颇为爽气的孙二娘都穿着如此女性化的桃红色主腰，说明主腰在明代已经相当流行。

明代市井巷坊传唱的民歌中，也能见到和主腰相关的唱词，如：

> 悔当初与他偷了一下，谁知道就有了小冤家，主腰儿难束肚子大。（这等）不尬不尬事，如何处置他？免不得娘知也，定有一顿打。（冯梦龙《挂枝儿·愁孕》）

> 变一只绣鞋儿在你金莲上套，变一领汗衫儿与你贴肉相交，变一个竹夫人在你怀儿里抱，变一个主腰儿拘束着你，变一管玉箫儿在你指上调，再变上一块香茶也，不离你樱桃小。（冯梦龙《挂枝儿·变》）

从"主腰儿难束肚子大""变一个主腰儿拘束着你"等句来看，明代主腰的束身功效明显，女性对身体曲线美的追求，似乎已经接近今人。

明清社会中，还流行着另一种内衣，即肚兜，男女老少均可穿之。清人曹庭栋《养生随笔》卷一载："腹为五脏之总，故腹本喜暖，老人下元虚弱，更宜加意暖之。办兜肚，将蕲艾捶软铺匀，蒙以丝绵，细针密行，勿令散乱成块，夜卧必需，居常亦不可轻脱。又有以姜桂及麝诸药装主，可治腹作冷痛。"可见清代肚兜还兼具香囊、药囊之功能。从传世肚兜实物来看，明清肚兜的形制为菱形或椭圆形，上端系带，可以挂在颈部，两侧分别缝系一根带子，方便从背后系结，肚兜上可盖胸，下可护腹，但背部袒露。古人为求吉利，往往

清代肚兜

在贴身内衣上缝制各种吉祥图案，故清代肚兜上，多有莲花、牡丹、麒麟、鸳鸯、百子等图案。如《红楼梦》第三十六回中写到袭人缝制宝玉的肚兜，"原来是个白绫红里的兜肚，上面紮着鸳鸯戏莲的花样，红莲绿叶，五色鸳鸯"，是当时习俗的真实写照。

五

霓裳：裙拖六幅湘江水

子惠思我，褰裳涉溱。子不我思，岂
无他人？狂童之狂也且！子惠思我，
褰裳涉洧。子不我思，岂无他士？狂
童之狂也且！

《诗经·郑风》

《诗经》三百多篇，讲述了一个个爱情故事，自由恋爱、私奔、始乱终弃等等，千姿百态、丰富复杂。《诗经》里的女孩子，或俏皮活泼，或端凝大方，或狡猾可爱，她们还不懂得礼教所要求的"矜持"，爱与不爱，如同黑夜之于白昼，清晰分明，毫不含糊。上文所引《诗经·郑风》里，女主角就是这么一个俏皮可爱的女孩儿：明明是她在思念情人，她却偏偏反过来，用半埋怨半撒娇的口吻说："你想我了吗？那就赶快拉起下裳渡过溱水呀。你如果不想我，那也没有关系，天下男子多得很，想我的更是大有人在。你这个傻小子呀，可别太狂妄了。"最后那句"狂童之狂也且"，"且"历来被解为语气词，有"啊"的意思，这样读来，揶揄的语气中透出少女的热情和娇嗔，明快自然，也正是民歌的风格。

　　李敖先生曾撰文考证，"且"在《诗经》中多次出现，是指代男性生殖器，如此一来，这首《褰裳》的味道可就完全变了。

最后那句，分明翻作了现代的小太妹，在叉腰高声调笑情人，由热情突然转为狂野，还带有那么一股浓浓的乡土气，这个弯儿转得太快，今人似乎难以接受。其实，转念想想，也很好理解，《诗经》三百篇，多采自民间歌谣，在礼教还未兴起的年代，男男女女的对歌中，杂有那么一两句与生殖器有关的"国骂"，是再自然不过的事情。如此，方显出《诗经》民歌的韵味。后世诸多选诗注经的学者大家，咬文嚼字地使劲把《诗经》往圣人教诲的路子上引，反倒是误读《诗经》，湮灭了它的本色。从这点上来说，李敖先生的解释，不无道理。

这个小故事里，值得注意的，还有一个"裳"字。何谓"裳"？古人的衣服，大体上分为两种形制：一种是上下衣服分开穿着，是为上衣下裳；另一种是上下衣相连，合体着身，是为深衣长袍。在漫长的岁月变迁里，这两种形制的服装，附着在华夏先人的身上，演化为千姿百态的靓装，丰富了我们的文化和文明。

所谓"裳"，在最早的岁月里，是遮蔽下体的两片衣襟，在腰间系扎，左右两侧留有缝隙，这样的下裳很方便揭起，所以《郑风》里的那个傻小子才可以两片衣襟一揭开，光着腿就蹚过河来。那时节，裳内也还是要着裤的，与后世不同的是，最早的裤子是胫裤，只有裤管，没有裤裆，这般设计，使得人们在坐卧行走时，都要非常注意，否则稍不小心，便会春光乍泄。虽然上古的人，不像今人这般注重隐私，但毕竟也已经从猿猴进化成了直立行走之人，已经开始懂得男女之别，所以人们还是会小心翼翼地照顾下体的裳服，不到万不得已，不会把裳掀开。《礼记·曲礼》记述，"劳毋袒，暑毋褰裳"，古人对穿着下裳的要求还是蛮严格的，天气再热，也不能将下裳拉起来。这样看来，上文《郑风》中姑娘对小伙子提出"褰裳"的要求，那可别具深意了。那不是一般的小要求，在渡河的过程中，稍不小心，就会有暴露之虞。小伙子能否为了心上人冒险过河呢？这倒真是一个带有几分考验的要求！

先民们对于下裳的担忧，直接引起了衣裳的变革。大约在汉代，裤和裳在形制上都有了质的改变：出现了连裆之裤，也有了围体之裙。裙和裳的区别在于：裙是将裳的前后两片连成一体，形制上更为完整统一。裙出现后，以其美观便利，很快赢得了女性的欢迎和喜爱，在此后的漫长岁月里，上衣下裙和深衣，成为了两种主要的女性服装样式。

值得一提的是，裳并没有完全因为裙的出现而退出历史舞台，在后世女性身上，裳及其变体，依然会偶尔出现。如芾，也称蔽膝、袆、韠、巨巾、大巾等，就是由裳衍变而来的一种服饰。《诗经》里曾多次提到芾，如《小雅·斯干》"朱芾斯黄，室家君王"，《小雅·车攻》"赤芾金舄，会同有绎"等。商周时期，社会上层对服饰礼制有严格的规定，芾的颜色也因佩戴者身份的差异而有所不同，一般而言，天子才能用朱红色，这和《小雅》中的记述

是一致的。根据历代文献记载以及出
土文物来看，芾一般为长条状，上窄
下宽，底部为圆弧形，佩戴在革带上，
上端挡腹，下端垂膝，蔽膝之名，大
概也由此而来。最早的芾多用皮革制
成，后世渐渐衍变为布帛制作，而且
也日渐进入寻常百姓家，女子劳作时，
也多佩带使用。大约在汉代，蔽膝已
经成了普通百姓的日常服饰用品，出
土文物中多可见到，如东汉李冰的石
像所示。（见《中国服饰》，第 162 页。）

东汉李冰石像

　　文献中也多有和蔽膝相关的记载，如《释名·释衣服》："韨，
韠也。韠，蔽膝也，所以蔽膝前也。妇人蔽膝亦如之。齐人谓之巨巾。
田家妇女出至田野，覆其头，故因以为名也。又曰跪襜，跪时襜
襜然张也。"《方言·卷四》："蔽厀，江淮之间谓之袆，或谓之被。
魏、宋、南楚之间谓之大巾。自关东西谓之蔽厀。齐鲁之郊谓之
袡。"《广雅·释器》："大巾，袆，蔽厀也。"同一款服饰，在各
地流传，称呼各自不同，可见它已被广泛接受。《汉书·王莽传》
中曾提到这种蔽膝，"（莽）母病，公卿列侯遣夫人问疾。莽妻迎
之，衣不曳地，布蔽膝，见之者以为僮，使问，知其夫人，皆惊"。
西汉末年，王莽一心篡汉，假作勤俭，以邀清誉，举家上下都穿

着破衣烂裳。汉人以长衣拖地为贵，莽妻贵为重臣夫人，却为了节省布料而穿短衣，还佩着蔽膝，让客人误认为僮仆。可见汉代仆妇亦多着蔽膝。

又《三国志·吴书·妃嫔传》中记载，潘夫人"得幸有娠，梦有以龙头授己者，己以蔽膝受之，遂生亮"。潘夫人是孙权的爱妃，生孙亮，后继承王位。潘夫人是身份显赫的贵妇，以蔽膝承受龙子，足见蔽膝在东汉后也可为贵妇所穿。由此推知，大约在东汉以后，蔽膝已经成了各阶层女性广泛穿着的服饰。对劳动阶层的女性来说，身着蔽膝，大概是为了防止劳作时弄脏衣物，其功用类似于今天的围裙，相对而言，上层社会的女性无此顾虑，她们身着蔽膝，大概还是为了美观吧。魏晋以后，蔽膝多为从事劳作者穿着，明清时期渐渐衍变为围裙。

将裳的前后两片联结起来，就变成了裙。女子穿裙，有着悠久的历史，《中华古今注》中记述："古之前制衣裳相连，至周文王，令女人服裙，裙上加翟，衣皆以绢为之。始皇元年，宫人令服五色花罗裙，至今礼席有短裙焉。"依此看来，女子着裙，可以上推至先秦，不过当时并未形成一种风气。还要等上几百年，直到汉代，女子穿裙才成为一种广泛流行的时尚，这在汉代的文献记录中俯拾即是。如《后汉书·王良传》记述"良妻布裙曳柴从田中归"，《后汉书·马皇后传》云"后常衣大练，裙不加缘"，再如《羽林郎》中描述正当妙龄的胡姬装束，"长裙连理带，广袖合欢襦"等。可见，从民间至官宦家庭再到宫廷，裙子已经成了深受女性喜爱的妆束。总体上来讲，汉代的女裙，从裁剪到样式都偏于简约。如上文提到马皇后裙不加缘，这种无缘裙，在长沙马王堆汉墓出土的材料中能找到实例。如图所示，这条绢裙

长沙马王堆汉墓出土绢裙

由四幅素绢拼接而成，裙上无任何修饰，朴素大方。这种裙子因为式样简洁，裁剪方便而受欢迎，同时，它的朴素无华也或多或少迎合了士大夫勤俭治家的需求，颇得文人美誉。如晋代周斐《汝南先贤传》记载，"戴良嫁五女，皆布裙无缘"，字里行间，流露出对戴良良好家风的称誉，而体现了戴家良好家风的，就是戴家五女那朴实而又略带低调的布裙。

只是，文人阶层虽然推崇简朴，女性服装的衍变却永远和女性对美丽的追求、渴望联系在一起。汉代的无缘裙固然以其简约朴素深得文人的赞美和讴歌，但提到汉代的裙装，在后人心中留下深刻印象的，却是另一款婀娜动人的"留仙裙"。关于"留仙裙"，有这样一段美丽的传说：

> 婕妤接帝于太液池，作千人舟，号合宫之舟；池中起为瀛洲，榭高四十尺，帝御流波文縠无缝衫，后衣南越所贡云英紫裙，碧琼轻绡。广榭上，后歌舞归风送远之曲，帝以文犀簪击玉瓯，令后所爱侍郎冯无方吹笙，以倚后歌中流。歌酣，风大起，后顺风扬音，无方长啸细袅与相属，后裙髀曰："顾我，顾我！"后扬袖曰："仙乎，仙乎！去故而就新，宁

忘怀乎？"帝曰："无方为我持后！"无方舍吹持后履。久之，风霁，后泣曰："帝恩我，使我仙去不得。"怅然曼啸，泣数行下。帝益愧爱后，赐无方千万，入后房闼。他日，宫妹幸者，或襞裙为绉，号曰留仙裙。（旧题汉·玄伶《赵飞燕外传》）

这段文字讲述的是汉成帝和赵飞燕之间的故事。在中国历史上，汉尚火德，称炎刘，赵飞燕和她的妹妹赵合德，一直背负着湮灭了汉室之火的骂名。赵氏姊妹有幸进入宫闱，得到了成帝的宠爱，也承受了太多的压力。西汉是外戚不断把持朝政的王朝，赵氏姊妹出身贫贱，和后宫中的其他妃嫔相比，她们缺乏有力的外援，所能依靠的，唯有自己的美貌与智慧。为了固宠，她们无所不用其极，这"留仙裙"的轶事，不过略施小计罢了。

这段文字开头，就交待得很清楚，"婕妤接帝于太液池"，婕妤是赵合德，赵飞燕得宠后，不忘姊妹之情，特意将妹妹赵合德引入后宫。没想到，赵合德青出于蓝而胜于蓝，很快汉成帝就被她迷得失魂落魄的，反而将赵飞燕撇在脑后。古话说得好，"蛾眉善妒，不让姊妹"，受到冷落的赵飞燕，碍于皇后身份和姊妹情谊，只能郁闷在心，等待时机。汉成帝是西汉有名的庸主，不理朝政，耽于游乐。某日，他别出心裁地在太液池举行音乐会，由他亲任鼓手，侍郎冯无方担纲伴奏，主唱者为谁呢？当然是赵飞燕。相传赵飞燕身轻似燕，能在掌中盘旋起舞，是造诣高深的宫廷演艺家。她当仁不让地成为了这场音乐会的女主角，也巧妙地利用了这个天赐良机向成帝邀宠：当此良辰美景，赏心乐事之时，赵飞燕身着南越所贡云英紫裙，且歌且舞，将音乐会渐渐引入高潮。忽然刮起大风，回旋反复，吹得人站立不稳，她轻舒玉臂，舞动碧琼轻绡，做出行将缓缓上升的嫦娥奔月之势，嘴里还不忘念叨着，"仙乎，仙乎！去故而就新，宁忘怀乎"，翻译成大白话就是，"要去做神仙了，要去做神仙了，离开故人，将去新人身边，我怎么忘得了呢！"

这招以退为进非常厉害，汉成帝对她的感情虽然已经淡薄，当此紧要关头，看到她的缠绵与不舍，也会猛然想起种种往事，因而割舍不下。眼见她即将飞走，成帝情急之中，对着冯无方大喊："无方，为我拉住皇后！"冯无方一个箭步冲上前，紧紧拽住了赵飞燕的裙脚，如此一来，她自然不得"仙去"。风停后，赵飞燕泪如雨下，哽咽着说："皇上对我太好了，舍不得我成仙，我也只好留下来了。"汉成帝且感且愧，重重赏赐了冯无方，也于当晚临幸了冷落多时的赵飞燕。而那条在拉拽中满是皱纹的裙子，也被羡慕不已的宫女们冠上了一个好听的名字"留仙裙"，并开始刻意地在裙子上仿造出一些褶皱花边。这种源自深宫内廷的裙装，自此伴随着美丽动人的传说，长留在中国服装史话中。

文字记述反映了当时的社会现实，从留仙裙的佚事中，可以推知，在西汉末年，已经开始流行加有褶皱（也称"裥"）的裙装。裙上施以褶皱，固然是为了美观，从另一方面来讲，也还有实用的考虑：裙由裳衍变而来，当前后两片合二为一时，只保留了一侧缝隙，这样行走起来极其不便，而在裙上施以褶皱，能很好地扩大裙装的空间，使得行走更为轻松自如。故而，这种设计一经实施，便受到了女性的拥护和喜爱，历经王朝的演变，岁月的更替，这种加有褶皱的裙子，始终是古代女性裙装中一种非常重要的款式。

东晋六朝时期，女裙"崇尚细裥，裥密如齿"（见《中国服饰》，第166页），也称马牙裥，亦写作马牙襇。《艺林汇考·服饰篇》中记载："梁简文诗'罗裙宜细裥'，先见广西妇女衣长裙，后曳地四五尺，行则以两婢前携之，裥多而细，名曰马牙裥。"此处提到梁简文帝萧纲曾作诗赞美女之裙，这首诗名为《戏赠丽人》，诗中丽人以及丽人身上所着衣物都成了作者欣赏的对象。萧纲以略带几分沉醉的口吻写道，"罗裙宜细裥，画屧重高墙"，从中可以看到，当时普遍的审美观念是，女裙上应添加有细密的裥纹。

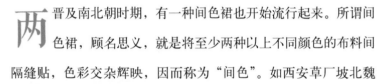

两晋及南北朝时期，有一种间色裙也开始流行起来。所谓间色裙，顾名思义，就是将至少两种以上不同颜色的布料间隔缝贴，色彩交杂辉映，因而称为"间色"。如西安草厂坡北魏墓出土的彩绘女俑身上，便可见到红白条纹相间的间色裙。另外，据张敞《晋东宫旧事》记载，"皇太子纳妃，有绛纱复裙、绛碧结绫复裙、丹碧纱纹双裙、紫碧纱文双裙、紫碧纱文绣缨双裙、紫碧纱縠双裙、丹碧纱杯文罗裙"，足见当时女性裙装的款式已经相当丰富。

西安草厂坡北魏墓出土彩绘女俑

隋唐以来，女裙以宽博为美，尤其在唐代，经济发达，社会
氛围宽松，女性争相在着装上争奇斗艳。唐代女子喜欢穿长裙，
因为裙子太长，行走不便，往往将裙腰上拉，直至前胸，或者腋下。
当时风尚，下裙要用六幅布帛缝制而成，故而有"裙拖六幅湘江
水"的说法，后世往往将宽博的下裙称为"湘裙"，便是得名于此。
裙幅增多，与之相应的改变就是裙裥加密，密密的裙裥宽窄相等，
从数十道到数百道都有，也称"百褶裙"。如新疆出土的唐代百
褶裙百叠千折，舞动起来回旋飘逸，很能展现女性身体的美感。

新疆出土唐代印花百褶裙

间色裙在唐代仍然风靡一时。唐代女性非常注重裙装对身体
线条的映衬，往往将布条裁剪为上窄下宽的样式拼接起来。这样，
竖条的褶皱拼在一起，显得上细下宽，穿在身上，宽阔的裙摆随
风舞动，越发显出腰肢纤细，飘逸风流。相传武则天也非常喜爱
间色裙，《旧唐书·高宗本纪》记载高宗曾颁布诏书，"朕思还淳

返朴，示天下以质素。……其异色绫锦，并花间裙衣等，靡费既广，俱害女工。天后，我之匹敌，常着七破间裙，岂不知更有靡丽服饰？务遵节俭也"，提到武则天常着七破间裙。所谓"七破"，就是用七道色彩各异的布帛拼贴在裙上，高宗诏书中对武则天不无夸奖之意，说她贵为天后，只穿七破间裙，堪为勤俭节约的代表，可见当时广泛流行的间色裙，所采用的竖条褶皱要远远超过七道。一匹整段的布料，被剪成寸断，只为了制作裙上的褶皱，这无疑会造成浪费，如何引导女性勤俭节约，爱惜物力，也成了唐朝当政者考虑的问题。为此，政府曾明确规定，"凡褐色衣不过十二破，浑色衣不过六破"（《新唐书·舆服志》），以政令来干预、匡正当时的奢华风气。

上文所述间色裙，在唐人画像和雕塑中随处可见。如阎立本所绘《步辇图》的宫女们，就都身穿条纹状的间裙。又如陕西出土的唐代壁画，女性的红裙上也是点缀着一道道的绿色条纹，这种条纹的修饰，不仅让裙装显得色彩缤纷，还用竖状条纹拉伸了下体的比例，让人显得更加轻盈灵动。唐代女性深谙着装之道，这样的设计，得到她们的喜爱，自然是题中应有之义了。

初唐时期，李唐皇族牢记着隋末天翻地覆的鼎革之变，尚且能够在物质消费方面对皇族有所约束，这从上文唐高宗的诏书中能略略窥知些许端倪。随着社会的稳定，经济的发展，整个国家空前强大，上至贵族，下到庶民，无不家给人足，贵族女性们开

陕西出土的唐代壁画

始在裙装上琢磨更多心思。《唐书·五行志》中曾记述："安乐公
主使尚方合百鸟毛织二裙，正视为一色，傍视为一色，日中为一
色，影中为一色，而百鸟之状皆见。以其一献韦后。公主又以百
兽毛为韀面，韦后则集鸟毛为之，皆具其鸟兽状，工费巨万。公

主初出降，益州献单丝碧罗笼裙，缕金为花鸟，细如丝发，大如黍米，眼鼻嘴甲皆备，瞭视者方见之，皆服妖也。"短短一段文字中，提到了两种不同款式的裙子：百鸟毛织裙和笼裙。前者是用百鸟之羽织成百鸟形状，后者则是用高超工艺织成黍米大小的花鸟。这两种裙子的制作，需要耗费大量的物力、财力，足见奢侈。

安乐公主是韦后和中宗的女儿，据说她聪慧美貌，深得父母欢心。从她指导制作百鸟裙来看，的确是独具匠心、聪颖过人。相传安乐公主此裙一出，上层社会的女性纷纷效仿，以至山林中珍禽异兽被屠掠无遗，后来朝廷不得不出面禁止，才有所收敛。后世的孔雀罗裙、翠霞裙等裙装，都沿袭安乐公主百鸟裙发展而来，从这点上来说，安乐也算是大唐的一位时尚公主了。可惜的是，这位大唐中宗朝的第一公主偏偏私欲膨胀，觊觎最高权力，谋夺皇太女之位，权迷心窍地联合韦后毒死了她最大的靠山——老爹唐中宗。结果，中宗死后没几天，她就和母亲就被政变者处死，这真是"机关算尽太聪明，反误了卿卿性命"。武则天的那些后辈们，从韦后、安乐公主，再到太平公主，都继承了她的政治野心，却缺乏她那份政治才干，最后落得身死族灭的下场。看到这些美丽聪慧的女子，如飞蛾扑火般投身于政治，被烧成灰烬，也的确是令人扼腕叹息。

四

隋唐以后，社会风气渐渐趋于保守。两宋时期，女性服装归于淡雅素净，但更加强调、讲究"上淡下艳"，所以裙装反而更为娇艳。百褶裙在宋代仍有发展，宋人诗词文章中也多有描述，如"约腕金条瘦，裙儿细裥如眉皱"（吕渭志《千秋岁》）等。诗僧惠洪在《冷斋夜话》里就记述了一则与百褶裙相关的诗文韵事：

> 东坡倅钱塘日，梦神宗召入禁，宫女环侍，一红衣女捧红靴一双，命轼铭之。觉而记其中一联云："寒女之丝，铢积寸累。天步所临，云蒸雷起。"既毕，进御。上极叹其敏，使宫女送出。睨视裙带间有六言诗一首曰："百叠漪漪水绉，六铢纵纵云轻。植立含风广殿，微闻环佩摇声。"

苏东坡在梦里睨见皇宫中宫女的裙带诗，"百叠漪漪水绉"，形容宫女所穿之裙望去如同水面波纹，一圈圈涟漪泛起，可见这条百褶裙上褶皱之多、之密。

晋祠侍女像

宋代还流行一种旋裙，仁宗朝诗人江休复《嘉祐杂志》中曾有所提及，"妇人不服宽袴与襜，制旋裙必前后开胯，以便乘驴，其风始于都下妓女，而士夫家反慕之"。宋代女子出行喜好骑驴，穿着裙装不便出行，京都妓女对裙装加以改造，使之前后开叉，方便上下。在中国古代社会里，时尚往往发源于两处：宫闱和妓院，旋裙的流行，再次证明了这定律。

旋裙源于京都妓女，很快因其便捷美观而为其他阶层的女性所接受，江休复的那句"而士夫家反慕之"，似乎痛心疾首，却也再次证明了美丽对于女性的诱惑，足以冲破门阀的隔阂和世俗的偏见。这种前后开叉的裙装，在宫禁中又是另外一番风情，《宋史·五行志》中记述，"理宗朝，宫妃系前后掩裙而长窣地，名赶上裙"。宋室皇宫里，妃嫔们都穿着前后开叉的长裙，称之为"赶上裙"，这种裙装完全有别于传统无隙闭合式的长裙，使得士人议论纷纷，以为"服妖"。在保守的宋代，前后开叉的旋裙和赶上裙居然能够流行开来，可见女性对美丽的向往，最终还是能冲破社会的封闭和限制。

不过，宋代的保守，也还是能在翩翩裙幅上留下一丝痕迹。宋代女子穿裙，流行在裙子的飘带上系一个玉环绶，以压住裙幅，免得女性在行走或运动时被风吹起裙摆。如晋祠侍女像，在前方的裙子正中，就垂挂着一个玉环绶，直直垂下，平平压中，一方面为裙装平添了几分风流妩媚；另一方面，则巧妙地起到了防护作用。这种在裙上点缀饰物，以提醒女子保持仪态的习俗，甚至相沿到民国：

> 家教好的姑娘，莲步姗姗，百褶裙虽不至于纹丝不动，也只限于最轻微的摇颤。不惯穿裙的小家碧玉走起路来便予人以惊风骇浪的印象。更为苛刻的是新娘的红裙，裙腰垂下一条条半寸来宽的飘带，带端系着铃。行动时只许有一点隐约的叮当，像远山上宝塔上的风铃。（张爱玲《更衣记》）

女性对美丽与自由的追求，和理教的清规戒律，在此似乎找到了一个平衡点，不得不令人感慨，在我们古老的国度里，情与理，永远在以微妙而委婉的方式互相妥协、互相协调，也互相推进，互相影响。板正而灵动，求同而存异，这大概也正是中华文明的独特魅力所在。

公元 1368 年，朱元璋在应天称帝。经过了九十余年蒙元统治，中国的治权重新回到汉人手中，在种种复古潮流的推动之下，对传统服装的重视也被抬到新的高度。这一切，都鼓励明代女裙推陈出新，在中国女裙发展历史上留下了有关凤尾裙、月华裙、百花裙等女裙款式的记录。

百褶裙在明代依然盛行，款式则有所改变，清代的李斗在《扬州画舫录》中曾提及明末清初江南女子的裙装，"裙式以缎裁剪作条，每条绣花两畔，镶以金线，碎逗成裙，谓之'凤尾'。近则以整缎折以细缝，谓之'百折'。其二十四折者为'玉裙'，恒服也"，其中提到的凤尾裙，其实就是一种百褶裙，由多根彩条凤尾缝制而成，内加衬裙。后图所示清代凤尾裙实物，就是在裙腰下缀有花条凤尾。

除凤尾裙外，明末还流行另外一种被称为"月华裙"的百褶裙。

关于月华裙，清初的叶梦珠曾在其所著《阅世编·内装》中有较为详细的记述："旧制（指明制）：色亦不一，或用浅色，或用素白，或用刺绣，织以羊皮，金缉于下缝，总与衣

清代凤尾裙

衫相称而止。崇祯初，专用素白，即绣亦只下边一二寸，至于体惟六幅，其来已久。古时所谓'裙拖六幅湘江水'是也。明末始用八幅，腰间细褶数十，行动如水纹，不无美秀，而下边用大红一线，上或绣画二三寸，数年以来，始用浅色画裙。有十幅者，腰间每褶各用一色，色皆淡雅，前后正幅，轻描细绘，风动色如月华，飘扬绚烂，因以为名。然而守礼之家，亦不甚效之。本朝（清廷）无裙制，惟以长布没履，无论男女皆然。"这里提及的画裙，原指在裙上作画，后引申为绣饰华丽的裙子，而月华裙就是在画裙基础上，将裙上之褶用不同颜色区分开来，色彩都比较淡雅，舞动起来宛如月华流照，故而得名。据说清代的月华裙更有所改进，往往一褶之中，五色兼备，光彩尤其动人。

百花裙，是明代的又一款流行裙式。顾名思义，就是在裙上绣满各种颜色、各式大小的花卉。百花裙图案生动、色彩分明，

深受年轻女子喜爱，并往往作为礼服在正式场合中穿着。这种裙子在正史中记载不多，但在晚明最著名的世情小说《金瓶梅》里却处处可见其踪影。如第四十回里，西门庆让裁缝来家为几位娘子裁制衣裳，先裁月娘的，"一套大红缎子遍地金通麒麟补子袄儿，翠蓝宽拖遍地金裙；一套沉香色妆花补子遍地锦罗袄儿，大红金枝绿叶百花拖泥裙"。又如第七十二回里写到与西门庆偷情的贵族夫人林氏的妆扮，"身穿大红通袖袍儿，腰系金镶碧玉带，下着玄锦百花裙"。再如第九十一回里写吴月娘"那日亦满头珠翠，身穿大红通袖袍儿，百花裙"。另如第九十六回里，已经做了守备夫人的春梅重游西门府，"戴着满头珠翠金凤头面钗梳，胡珠环子。身穿大红通袖、四兽朝麒麟袍儿，翠蓝十样锦百花裙，玉玎当禁步，束着金带"。可见，百花裙是比较正式的礼服，更多为有身份的正室夫人和官家贵妇人所穿。但是，在《金瓶梅》里，也有一处例外：西门大宅的六娘子李瓶儿也曾穿着百花裙见客。

据第二十回载，西门庆新娶了李瓶儿。将这样一位有貌有财的佳人收入后房，西门庆的心情相当愉快，大凡人的心理，拥有了好东西，总忍不住想炫耀，以凸显优越感，西门庆原本就是一个俗人，在这点上更不例外。他和几位狐朋狗友一起喝酒，耐不住他们的撺掇，吩咐下人，让李瓶儿好生妆扮，出来见礼。要知道，李瓶儿是西门庆"十兄弟"之一花子虚的元配妻子，西门庆和她勾搭上手，活活气死了花子虚，李瓶儿带着满房的家私，迫不及待地嫁入了西门家。有此一段公案，李瓶儿在最初进入西门府时，很不受众人待见。西门庆却并不在意她的感受，让这样一个再醮之妇，以西门家第六房小妾的身份，出来面对前夫的朋友，其难堪可想而知。可是无奈，她不能违拗抗西门庆，只能盛装出迎，但见她"身穿大红五彩通袖罗袍，下着金枝线叶纱绿百花裙，腰里束着碧玉女带，腕上笼着金压袖。胸前缨络缤纷，裙边环佩叮当，头上珠翠堆盈，鬓畔宝钗半卸"。

李瓶儿穿着百花裙一步三摇，光鲜的妆束赢得了席上众人的喝彩，此刻她大概是有些恍惚吧，仿佛还是花家大娘子，不然，怎能百花裙加身呢？由花家大娘子变为西门家的六娘子，这是她的选择，为这个选择很吃了一些苦头。但在这个时候，听着耳边的吹捧声，"天之配合一对儿，如鸾似凤""永团圆，世世夫妻"，或许她感觉到了满足与快乐，那百花裙仿佛强调了她是西门庆的"爱妻"身份。这一刻，她大概是忘记了另外几个虎视眈眈视她如眼中钉的女子。财貌兼具的李瓶儿嫁入西门府，对西门庆的几位妻妾带来了相当的威胁，且不说那无钱无权的潘金莲，就是那千户之女，时时摆出一副正室范的吴月娘，也忍不住痛哭诉说，"他有了他富贵的姐姐，把我这穷官儿家丫头，只当亡故了的算账"。有钱的、美丽的李瓶儿是一根刺，深深地刺进了西门大宅女人们的心中，她们或暗里，或明里，都想着要拔去这根刺，李瓶儿未来的命运，在她们恨恨的心声杂错中，已经埋下了阴霾的伏笔。

六

"逝者如斯夫"，《金瓶梅词话》成书于明万历年间，小说家笔下的诸多裙式到满清入主中原时又有哪些变化呢？大量的史料表明，满族统治者对待汉人，采取了不同的策略。所谓"男降女不降"，男子都要剃发易服，女子却仍然可以保留汉族的服装特色，故而传统的百褶裙等裙装在清代仍然得以保留，并有所改进。这种状况，嘉庆年间的《红楼梦》绘画图本即可佐证。其时《红楼梦》画家众多，艺术成就最高者首推改琦，他所作的《红楼梦图咏》中，一众裙钗，都身穿百褶裙，如黛玉和宝钗，画面选取的是黛玉潇湘馆迎风洒泪和宝钗滴翠亭扑蝶的场景，两人虽然神态各异，却都穿着细褶的百褶裙。

当时与改琦齐名，并且在仕女画上亦有相当造诣的画家还有费丹旭。他曾作《金陵十二钗图》，关于黛玉，则选取葬花场景入画，图中黛玉身形瘦削，表情忧郁，意态宛转，楚楚可怜，裙摆波纹

清改琦《红楼梦图咏》之黛玉与宝钗

清费丹旭《金陵十二钗图》之黛玉葬花

脉脉，看来也是百褶裙一派。

比改、费稍晚，咸同年间的孙温亦绘有全本《红楼梦》。孙温所处的年代，国门大开，西洋画法已经开始影响传统的中国画，所以孙温的《红楼梦》绘本，在色彩、服饰等细节上更注重写实，他笔下的红楼仕女们，在服饰穿着方面亦更能反映出当时流行时尚。如绘本第十一回"见熙凤贾瑞起淫心"画面，王熙凤和几个仆妇在一起，她们都身穿曳地长裙，裙上细褶清晰可见。

清孙温绘本《红楼梦》第十一回（局部）

再如第八回"黛玉仰望绛芸仙匾"画面，黛玉亦系着百褶裙，裙腰上还佩系着一块玉环绶，端谨有礼，正是大家闺秀的风范。从这些画像能看到，无论是清代中期的改、费，还是晚清的孙温，都将百褶裙作为闺秀们的主要裙装，可见百褶裙在

清孙温绘本《红楼梦》第八回（局部）

晚清风行的鱼鳞百褶裙

清代之流行。

晚清还风行一种鱼鳞百褶裙。这种百褶裙乍看上去，和普通的百褶裙无甚差别，但拆开后，就能发现在每道褶皱之间，丝线交织，状如鱼鳞，由此得名。清李静山曾作有《增补都门杂咏》一诗，咏叹"凤尾如何久不闻？皮绵单袷费纷纭。而今无论何时节，都着鱼鳞百褶裙"。李静山大抵活跃在同治时期，说明到清代咸丰同治年间，鱼鳞百褶裙已经取代凤尾裙成为女性裙装中的新宠。

清代还有另外两款裙子也相当受欢迎，即弹墨裙和马面裙。关于弹墨裙，清初雅士李渔曾在《闲情偶寄》中有所论及，"盖下体之服，宜淡不宜浓，宜纯不宜杂。予尝读旧诗，见'飘扬血色裙拖地'、'红裙妒杀石榴花'等句，颇笑前人之笨。若果如是，则亦艳妆村妇而已矣。乌足动雅士之心哉！惟近制弹墨裙，颇饶别致，然犹未获我心，嗣当别出新裁，以正同调，思而未制，不敢轻以误人也"。从李渔的评价中能看出，这种弹墨裙比较淡雅，更能入文人雅士之目。弹墨，是一种吹染工艺，《古今图书集成》卷六八一"苏州府部"记载，（弹墨）为用吹管"喷五色于素绢，错成花鸟宫锦"。吹时，可将花叶放置织物上，用喷弹法涂染墨色，由于花叶的遮盖，在织物上会留下白色花形、叶形等，也可以用纸剪的花样代替。这样喷洒得来的花纹，浓淡对比强烈，图案生动自然，印在裙上则雅致飘逸，深得闺中少女的喜爱。（见《中国服饰》，第168页。）《红楼梦》中提到，槛外人妙玉"身穿一件月白素绸袄儿，外罩一件水田青缎镶边长背心，拴着秋香色的丝绦，腰下系一条淡墨画的白绫裙"（第一百零九回），这淡墨画的白绫裙，就是一袭弹墨裙。妙玉性格孤傲清高，她周身上下，月白色袄子，青缎背心，淡色的丝绦，黑白色相间的裙子。这样黑白搭配，显得雅致洁净，朴素动人，比较适合她千金小姐的出身，也符合她带发修行的身份。从这小细节中，也可以看到《红楼梦》白描手法之高，和弹墨裙之流行。

马面裙，也是清代一款时兴的女裙。早在明代，马面裙已经初现端倪，《明宫史》之"水集"中，描述"曳撒"服，"其制后襟不断，而两傍有襬，前襟两截，而下有马面褶，从两傍起"。包铭新先生在《近代中国女装实录》中提到马面裙，即"中国古代主要裙式之一，最典型的马面裙流行于清代。前后里外共有四个裙门，两两重合，外裙门有装饰，内裙门较少或无装饰。侧面打裥，腰裙多用白色布，取白头偕老之意，以绳或纽固结"。简而言之，马面裙由前后裙幅缝制围成，前为裙门，后有裙背。其最大特色就是前后有平面，两侧加裥。

清代马面裙

七

在中国古代，女裙不仅款式繁多，色彩更是五彩缤纷，明艳动人。总的来说，历来备受女性喜爱的，首先还是红裙。红色，在中国文化里是正色，代表着热情、活力和生命等，所以向来女子穿裙，以红裙居多，这在古代诗文中可以找到诸多明证。如"红裙结未解，绿绮自难徵"（陈后主《三妇艳词》）、"转态结红裙，含娇拾翠羽"（陈后主《舞媚娘》）、"莫恨红裙破，休嫌白屋低"（韦庄《赠姬人》）、"高系红裙袖双卷，不惜浮萍沾皓腕"（张耒《江南曲》）、"纱厨困卧日初长，解却红裙小簟凉"（李清照《暑月独眠》）等。

因为茜草可以用来调染红裙，所以红裙又被称为茜裙，诗文中也多见对茜裙的描述。如"湖中花艳张红云，湖上女儿新茜裙"（胡俨《采莲曲》）、"茜裙青袂谁家女，结伴墙东采桑去"（文徵明《采桑图》）、"至尊一顾六宫回，茜裙霞帔俱羞涩"（陆粲《赋内阁芍药》)等。

除茜草外，石榴花也是上好的天然染料，古人也往往用石榴花来染裙，故而红裙还有一个别致的称号——石榴裙，古诗中所云如"红粉青娥映楚云，桃花马上石榴裙"（杜审言《戏赠赵使君美人》）、"香飘石榴裙，影落蔷薇下"（顾况《古乐府》）、"石榴裙裾蛱蝶飞，见人不语颦蛾眉"（常建《古兴》）等，都将石榴裙与美丽的女性联系在一起，可见石榴裙在古代女性生活中的重要性。

女性喜爱石榴裙，不仅因为它颜色艳丽可爱，另一个重要的原因就是石榴多子。古人的思维是"天人合一"，喜欢赋予万物灵性，并认为这种灵性可以通过种种巧妙的方式转移到人身上。在古人看来，穿着石榴裙的女性，也会吸取一些丰富的生命力，多子多福，兴旺夫家。如此一来，这种被赋予了吉祥意义的石榴裙，很自然地就成为历代女性钟爱的服饰。如唐代传奇中的女主角李娃、霍小玉等，都喜好穿石榴裙。与之相应，古人作画也将石榴裙作为女性的重要标识入画。如顾闳中《韩熙载夜宴图》中，最右首的女子，眉目如画，绿衣红裙，风采动人。

石榴裙还曾与一段广受争议、缠绕不清的史实纠葛在一起：中国历史上唯一的女皇帝武则天，十四岁应召入宫，成为唐太宗的才人。当时，武母"恸泣与诀"，武则天反而劝慰说："我去见天子，怎么知道不是福缘呢？为什么要哭哭啼啼，作儿女之悲？"

顾闳中《韩熙载夜宴图》（局部）

史称其聪颖好学，性格刚毅，极富胆略、气魄，冷酷几近残忍，她不仅没有湮没于后宫众女中，反而由太宗的才人，进为高宗的昭仪、皇后、天后，直至公元 690 年，宣布改唐为周，自立为"圣神皇帝"，堂而皇之地在洛阳登上了大周皇帝的宝座。中国古代，历来是男性处于绝对主导地位的男权制社会。在号称治世的盛唐，竟然出现了一位高踞朝堂几十年，具有终极权威的女皇帝，其治下的男人们俯首帖耳，一任驱遣，予传统的中国宗法观念及男人世界以沉重打击，这实在是一大奇特的历史景观。饶有趣味地是，公元705年11月，82岁的武则天，死前遗嘱"去帝号，称则天大圣皇后"，从大周皇帝回归为李家媳妇；并于乾陵树立了一块中国历史上唯一的无字大碑，功过是非任凭后人评说！仰望这位震古烁今，有如流星划过历史苍穹的女皇帝，人们不禁思索：她究竟有着怎样的内心世界和真实情感？

武则天一生诗作甚少，但却有一篇佳作《如意娘》传颂后世，原诗是这样写的："看朱成碧思纷纷，憔悴支离为忆君。不信比来长下泪，开箱验取石榴裙。"翻译成白话文就是：我日夜思念着郎君你，已经憔悴不堪、精神恍惚，甚至会把红色看成是绿色。自从和你分离后，我不知道流了多少泪水，如果你不相信，你可以打开箱子看看那鲜艳的石榴裙，裙上泪痕斑斑，都是离人眼中血啊！

相传这首诗是武则天为思念唐高宗而作。千古一帝的唐太宗驾崩后，作为先帝爱姬，她被送到佛寺里削发为尼。虽然她曾经与李治两情相悦，暗结情缘，但此时高宗初登大宝，无暇也无由把她接回宫中。绮年玉貌的武则天，只能在冷冷清清的佛寺里寂寞度日，这段日子大概是她一生中最艰苦的岁月，漫漫长夜里，她忆及往事，爱恨交织，情难自已。人在失意的时候，往往也是感情最脆弱的时候，这首《如意娘》大概也是作于这个时期，因为其中流露出来的情感是那样的细腻委婉，缠绵动人，楚楚可怜的离妇情态浮出画面，和她人生后期独断专行的女主风格相比不啻霄壤之别。

唐朝是中国历史上久负盛名的王朝，国力强盛，经济发达，人才荟萃，宽容开放；反映在服饰上，则是推陈出新，丰富多彩。当时的女性除偏好红裙外，对绿裙也青眼有加。绿裙也称翠裙、碧裙、翡翠裙等。因其色如荷叶，还称"荷叶裙"。盛唐诗人王昌龄《采莲曲》中写道："荷叶罗裙一色裁，芙蓉向脸两边开。乱入池中看不见，闻歌始觉有人来。"采莲少女的绿色罗裙，与水面荷叶融为一色，旖旎的南方水乡风光与少女的活泼可爱，被渲染得栩栩如生。又如晚唐词人牛希济曾作有《生查子》一词，最后一句就是"记得绿罗裙，处处怜芳草"，极写绿色罗裙的妩媚多情。绿色罗裙的下摆拂过地面，轻柔婀娜，仿佛对小花小草充满怜惜，这也是用委婉的手法写出了穿裙女子的温柔可爱。

唐代女子还喜爱用郁金香花染裙。这种裙子色泽为淡黄色，还散发出浓郁的幽香，也称郁金裙。古人诗词中，多有对郁金裙的记述。如唐代杜牧《送容州中丞赴镇》"烧香翠羽帐，看舞郁金裙"，宋代柳永《少年游》"淡黄衫子郁金裙，长忆个人人"，清代龚自珍《隔溪梅令·〈羽陵春晚〉画册》"郁金裙褶晚来松，倦临风"等，都是对郁金裙的真实写照。

此外，唐代还流行一种白色的裙子，称柳花裙。元稹《白衣裳》："藕丝衫子柳花裙，空著沉香慢火熏。闲倚屏风笑周昉，枉

敦煌莫高窟壁画中着晕裙的唐代女子

抛心力画朝云。"身穿淡衫白裙的女子给诗人留下了深刻的印象，那白裙仿佛柳絮翩飞，在他心中萦绕，久久挥之不去。

红裙绿裙等，都只用一种颜色染裙，可称为单色裙。在唐宋时，还流行着一种晕色裙，《宋史·乐志十七》中记述，"女弟子队……六日采莲队，衣红罗生色绰子，系晕裙，戴云鬟髻，乘彩船，执莲花"。这里的晕裙，顾名思义，就是用两种或者多种色彩染成裙色，在几种色彩之间没有明显的界限划分，而是自然过渡，呈现出晕染般的交融色彩。如下图莫高窟壁画中的唐代女性，就是穿着晕裙，其色彩层层渲染，如波浪起伏，熠熠生辉，光彩照人。

六　宝带：想见红围照白发

乍见犹疑梦，回身欲化云。

许多离别泪，不堪持赠君。

《鸳鸯绦》

这首词出自晚明传奇《鸳鸯绦》。文弱书生杨直方与朋友进京赶考，夜宿僧寺，未曾想这僧寺居然是个贼窝，朋友被杀，杨直方拼死逃出。他慌不择路，逃到一位张妈妈家中，张妈妈年已老迈，守着一双儿女过活，儿子恰巧就是僧寺的俗家弟子，也参与了劫杀。为免除后患，张妈妈谎言稳住杨直方，出门去告密。家中女儿张淑儿见杨直方气度不凡，起了怜才之心，以实相告，助他逃走。临别，淑儿赠以鸳鸯绦，两人结下姻盟。此后若干年，两人经历了人生中的种种惊涛骇浪，颠沛流离，却能始终坚守盟誓，最终团圆相聚。

　　在明代冯梦龙小说《喻世明言》中也有一则与"鸳鸯绦"有关的故事——《赫大卿遗恨鸳鸯绦》。赫大卿广有家私，却不务正业，沉迷于女色，撇下家中妻儿，只在外眠花宿柳。他看上了尼庵里的尼姑，为和她们长相厮守，居然剃光头发混迹其间。何曾想，极乐乡会变成阎王殿，赫大卿耽于女色，身体日渐虚弱，以至不起。临终之际，他解下腰间的鸳鸯绦，央求尼姑们接来妻子陆夫人，希望在临终前请求她的原谅，表达他作为一个丈夫和父亲的愧疚。害怕担当责任的情人们将鸳鸯绦扔上房顶，骗赫大卿说陆夫人衔恨太深，不愿前来，在深深的遗憾和悔恨中，他瞑目而逝。尼姑们草草地将赫大卿埋在尼庵后院，这件人命官司原本可以神鬼不觉地消弭于无形，不凑巧，有工匠来尼庵翻修房子，偶然看见那条鸳鸯绦，贪图一点小便宜，将它系在腰间，偏偏这工匠一转身又去了赫家大宅做活计，被陆夫人看在眼中。赫家一干人众奔到尼姑庵里，这件案子被曝光，案情最后大白于天下，尼姑们被处以极刑，陆夫人从此闭门不出，专心课子。

无论是在戏曲还是小说中，起、承、转、合，"鸳鸯绦"都具有串起整个故事的作用，那么鸳鸯绦究竟为何物？《赫大卿遗恨鸳鸯绦》曾对它有较为详细的介绍："如何叫做鸳鸯绦？原来这绦半条是鹦哥绿，半条是鹅儿黄，两样颜色合成，所以谓之鸳鸯绦。"或许因为这个名称的亲切缠绵，情侣、夫妇往往会分别佩带，以表钟情。杨直方和张淑儿如此，赫大卿和妻子陆夫人也是这般，不同的是，杨、张二人的鸳鸯绦，与情比金坚的爱情传奇联系在一起，而赫、陆的鸳鸯绦，则名不副实，成了阴阳两隔的生死符。

透过两个故事，审视服饰的发展变化，可以了解到：至明代，人们经常使用的腰带，在颜色、款式、称谓乃至内涵方面进一步丰富，已经发展为一种独特的腰饰文化。那么，腰带究竟是从何时开始，进入到先民们的日常生活中呢？

《诗经·曹风·鸤鸠》曰"淑人君子，其带伊丝"，东汉的经学大师郑玄这样解释，"其带伊丝，谓大带也。大带用素丝，有杂色饰焉"。可见，先秦时期，人们就已经佩系大带。大带一般是纯色的丝带，用不同的杂色加以修饰；它不仅具有妆饰的功能，作为礼制服饰体系中的一环，还有着区别身份，彰显尊卑的作用。从天子到大夫以及普通的士人，大带下垂的长度和相配的杂色，都有严格的区分。宋代的陈祥道曾作《礼书》考证上古礼制，认为杂色的区分是，"君朱绿，大夫元华，士缁"，"天子体阳而兼乎下，故朱里而裨以朱绿；诸侯虽体阳而不兼乎上，故饰以朱绿而不朱里；大夫体阴而有文，故饰以元华；士则体阴而已，故饰以缁"。古人信奉"天人感应"，习惯用主观唯心的思想来观察、理解自然中的万事万物，颜色也不例外，他们将颜色和事物作人为联系，强调在服饰中添加相应的色彩，能彰显个体身份，强调差别。天子和诸侯王，可以和朱绿色相配；大夫则往往要配用青黑色；士人在上层社会中处于最末端，只能限用黑色。带的下垂长度也有严格的规定，"绅长制：士三尺，有司二尺有五寸"（《礼记·正义》）。"绅"，是带子末端的下垂部分，对于士人来讲，最长不能超过三尺，旧时称地方上有势力的地主或退职的官僚为"绅士"即源出于此。

远古时代，男女服饰的差异并不明显，当男子开始在腰带的长度上斤斤计较，女性也懂得了纤腰一束的美丽内涵。大约在春秋鵙国时期，人们已经开始用细腰来作为衡量美女的标准，战国后期楚国最著名的辞人宋玉曾经不无夸张地描述他心目中的美女形象——东家之子，"天下之佳人莫若楚国，楚国之丽者莫若臣里，臣里之美者莫若臣东家之子。东家之子，增之一分则太长，减之一分则太短；著粉则太白，施朱则太赤；眉如翠羽，肌如白雪；腰如束素，齿如含贝；嫣然一笑，惑阳城，迷下蔡"。其中"腰如束素"，至少说明两点：其一，当时人已经以细腰为美；其二，为了追求细腰，女性已经开始用束带的方式来控制腰围的尺寸。古今中外的历史都曾证明，女性是时尚的盲目追随者，为了美丽，她们甚至可以做出戕害自身身体的行为。在西方，欧洲中世纪的少女们，为追求细腰无所不用其极，甚至被塑形内衣夺去生命也在所不惜。无独有偶，这样的例子在中国历史上也曾经出现。是细腰诚可贵还是生命价更高？面对这样的二难选择，就有女性在社会风气的影响之下，用生命的代价宣示了她们对美的执着。

"细腰宫里露桃新，脉脉无言几度春"（杜牧《题桃花夫人庙》），"细腰争舞君王醉，白日秦兵江上来"（许浑《楚宫怨》），"为是襄王故宫地，至今犹是细腰多"（刘禹锡《踏歌行》），这三首诗出自中、晚唐不同诗人之手，咏叹的却是同一个故事。唐朝中后期国力衰微，诗人往往喜好借古咏今，以思古之幽情浇郁闷之块垒，此处，不约而同触动这三位诗人心弦的故事，是一段与束腰有关的历史：春秋后期，楚国国力大张，渐渐显现出大国的峥嵘气象。其时的国君楚灵王，对外穷兵黩武，连年征战，吞并陈、蔡二国，征召诸侯会盟，图霸中原；对内横征暴敛，大兴土木，筑章华宫，广袤四十里，穷奢极欲，致使百姓流离失所，怨声载道。然而，令这介独夫史上留名的竟是关于"楚腰纤细"的典故。

据《东周列国志》第六十八回所载，"（楚灵王）有一癖性，偏好细腰，不问男女，凡腰围粗大者，一见便如眼中之钉，既成章华之宫，选美人腰细者居之，以此又名细腰宫，宫人求媚于王，减食忍饿，以求细腰，甚有饿死而不悔者，国人化之，皆以腰粗为丑，不敢饱食，虽百官入朝，皆用软带束其腰，以免王之憎恶。""上有所好，下必甚焉"，君王的喜好，历来都左右着民间的风气，君不见"吴王好剑客，百姓多创瘢；楚王好细腰，宫中多饿死。长安语曰，'城中好高髻，四方高一尺；城中好广眉，四方且半额；城中好大袖，四方全匹帛'"（《后汉书·马廖传》），

马王堆汉墓出土彩绘木俑

从一定程度上来讲，宫廷就是时尚的发源地，高高在上者，本应体恤民心，寡欲少求以养民力，如楚灵王这样倒行逆施，视民众如草芥者，为国人所弃，也就不足为奇了。公元前 530 年冬月，灵王远出伐徐，朝中臣子们联合起来发动政变，杀了他的太子，另立新王。众叛亲离之下，他痛不欲生，在饥寒交加中自缢。不知在奄奄一息之际，昔日赫赫扬扬的楚王，可曾想起那些屈死的臣民？

　　诚如春秋晚期的楚国，腰带主要用于束身，但它最初的源起，却只为束衣。古人不用纽扣，为避免衣服散开，腰带几乎是必不可少的配饰。从目前出土的资料来看，东周及西汉时期，女性的腰带都是系在衣襟的前端，以免衣服散开，如马王堆汉墓出土彩绘木俑所示。"古者妇人长带，结者名曰绸缪，垂者名曰襳缡。结而可解曰纽，结而不可解曰缔"（明·杨慎《丹铅续录》），长腰带束衣，可打死结和活结，死结称"缔"，活结称"纽"。和今人相比，古人的思维更为缜密严谨，腰带上的一个小结，都要严格地加以正名规定，这一个小小细节，折射出来的是古人对礼节的重视。这种重视渗透到日常生活的方方面面，调节着社会的秩序和规范：腰带既具有修饰腰肢的审美功能；同时，在丧葬礼仪中还有着别样的功用。如《礼典·通典卷》第九十七卷载"斩缞，既葬，缞裳六升，男子绖带悉易以葛。妇人易首绖以葛，腰带故麻也"，即在服丧期间，男子必须系葛带，女子必须系麻带，素衣衰绖，质料朴质的腰带从腰际垂下，以庄重素雅的着装表示对亡者的尊重。

二

除了大带之外，古人更常系用革带。革带分为韦带和鞶带，前者为熟皮制成，佩戴者多为庶民；鞶带由生皮制成，无论贵贱均可佩戴。由于革带比较厚实，相对而言，较难系结，因此往往需要用带头加以扣系。带头多用金属制成，也称带钩，使用时，用一头的带钩扣住革带另一头的环或孔眼，能系紧革带，也比较美观大方。（见《中国服饰》，第 220 页。）

带钩的出现，可以追溯到春秋早期。五霸之首的齐桓公和尊号"仲父"的国相管仲，君臣间风云际会就缘起于一则射钩的故事。当初，齐襄公秉政，国无宁日，公子们纷纷避祸出走，其长子纠逃往鲁国，次子小白逃往莒国。公元前 686 年，襄公被弑，内乱止息。大臣们商议去鲁国迎公子纠为君。时居莒国的公子小白与师傅鲍叔牙计议，借兵还齐。辅佐公子纠的管仲担心小白先入为主，遂引兵追击，准备截杀。军过即墨，管仲见小白端坐车中，假意上前行礼，蓦地张弓射箭，正中小白，小白大喊一声，口吐鲜血倒下。管仲认为小白必死，便护送公子纠缓缓前行。不料这一箭其实只射中了小白的带钩，小白急中生智，嚼破舌尖，喷血诈死，瞒过了所有人，紧接着变服易乘，从小路疾驰临淄，入城即位，是为齐桓公。后来公子纠被诛，该如何处置管仲呢？

> 齐桓公曰："夷吾（管仲）射寡人中钩，其矢尚在，寡人每戚戚于心，得食其肉不厌，况可用乎？"鲍叔牙曰："人臣者各为其主，射钩之时，知有纠，不知有君。君若用之，当为君射天下，岂特一人之钩哉？"（《东周列国志》）

于是志大识高的齐桓公，纳谏如流，放弃个人恩怨，亲自出郊远迎，拜管仲为相，委以治国权柄。而管仲也的确不负众望，在中国历史上，管鲍的名字和齐桓公的霸业联系在一起，彪炳千秋。

在这则故事里，一支小小的带钩将齐桓公从危难中解救出来，

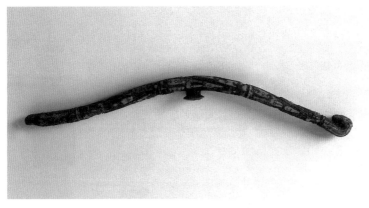

湖北江陵凤凰山秦墓出土带钩

那么，带钩是何结构呢？简单说来，带钩的构造大致由三部分组成：钩首、钩身、钩钮。使用时，钩钮嵌入革带一边，再用钩首勾住另一边。为了连接方便、牢靠，带钩钩体多为 S 形，如湖北江陵凤凰山秦墓出土的带钩，便是如此造型。齐桓公当时佩戴的，应该也是这样一支带钩，可能只有如此构造，弯曲的钩体方能承受住利箭的力道，冥冥中成就了一段君臣相遇相知的佳话和齐王"四十余年号方伯，南摧西折雄无敌"的霸业。

比带钩出现得稍晚的还有带扣，这种带扣在扣上附针，使用时先将革带的一头插入带扣中，然后用针加以固定，如湖南出土的西晋刘弘墓金带扣。由于带扣连接革带更为牢固方便，人们开始更多地使用它，差不多到了魏晋之后，带钩就渐渐退出了历史舞台。

较早使用带钩的腰带被称为钩络带，钩络也叫钩洛、郭洛，《三

湖南出土的西晋刘弘墓金带扣

国志·吴书·诸葛恪传》记述，"钩落者，校饰革带，世谓之钩落带"。相传钩络为胡语"野兽"的意思，钩络带是从北方少数民族那里流传进入中原的。唐代司马贞在《史记·匈奴传·索隐》中引张晏之语，解释说"鲜卑郭落带，瑞兽名也，东胡好服之"，"鲜卑"为瑞祥之意，"郭落"指野兽，合起来就是瑞祥之兽的意思。东胡为游猎民族，喜好狩猎，并将瑞兽的形状刻画在带钩上，钩络带以此得名。根据这些解释来看，鲜卑郭络带是一种装有瑞兽形状带钩的腰带，最初使用它的是北方胡人，后来才渐渐传入中原。

钩络带上有时还会钉贴一些镂空牌饰，多为动物形和几何形，以起到修饰美观的作用，这种装有镂空牌饰的革带，在魏晋南北朝时，称"金银镂带"、"金镶参镂带"等。相关文献中多有记载，如《晋书·石季龙载记》云，"季龙常以女骑一千为卤簿，皆着紫纶巾、织锦袴、金银镂带、五文织成靴，游于戏马观"，又如"石虎皇后女骑腰中着金镶参镂带"（晋·陆翙《邺中记》）。关于石虎，《辞海》的介绍是这样的："（石虎）十六国时期后赵国君。公元334—349 在位，字季龙，羯族。石勒侄，勒死，废勒子石弘自立，迁都于邺（今河北临漳西南）。在位时与东晋、前燕、前凉交战，穷兵黩武，强迫人民当兵，五丁取三，营建宫室，征调数十万人；废耕地为猎场，夺人妻女三万充后宫，刑罚苛暴，民不聊生，梁犊等人起义，参加的达数十万人，身死不久，后赵即亡。"短短一百余字，勾勒出了这个小国寡君残民以逞，嗜杀成性的一生。

然而在杀人狂魔的卧榻之侧，竟有人能虎口余生，苟延残喘至后赵灭亡。她就是《邺中记》里提到的皇后郑樱桃。相传郑皇后娇艳绝伦，天生一种柔媚手段，极擅修饰，且能歌善舞。这样的女人往往喜欢追逐高品位、大排场的生活。近朱者赤，伴随其左右的宫女们，腰束金镶参镂带，妆扮入时，也就不足为怪了。唐代的李颀曾作《杂歌谣辞·郑樱桃歌》咏叹此事：

> 石季龙，僭天禄，擅雄豪，美人姓郑名樱桃。樱桃美颜香且泽，娥娥侍寝专宫掖。后庭卷衣三万人，翠眉清镜不得亲。宫军女骑一千匹，繁花照耀漳河春。织成花映红纶巾，红旗掣曳卤簿新。鸣鞭走马接飞鸟，铜驮瑟瑟随去尘。凤阳重门如意馆，百尺金梯倚银汉。自言富贵不可量，女为公主男为王。赤花双簟珊瑚床，盘龙斗帐琥珀光。淫昏伪位神所恶，灭石者陵终不悟。邺城苍苍白露微，世事翻覆黄云飞。

遥想当年，色艺双优的郑樱桃教宫女操练队列、学习骑射，并挑选千人组成仪仗队。这些青春年少的女孩子，肩披紫纶巾，身着丝绵裤，腰佩金银镂带，手执羽仪，鸣奏鼓乐，随同石虎出游，仿佛天女散花，五彩缤纷。或许正是在郑皇后精心营造的这种氛围中，那些如花少女，绚丽腰带，还有妃嫔的笑靥，显出了某种娴静和安宁，才使得暴戾的石虎暂时忘记了杀戮，倏然回归片刻的理性。

和汉族相比，北方的少数民族在服饰上更追求实用，金镂带

美则美矣，可如果不能在它的审美功能中发掘出更多的实际用途，
彪悍的胡儿们总觉得心有不甘。基于实用的考虑，蹀躞带很快粉
墨登场了。

蹀躞带由金镂带发展而来，二者差别在于，金镂带上的牌饰
主要是修饰，而蹀躞带上的牌饰则另有妙用：它的下端常常连着
铰链，铰链再与金属小环衔接；或者开小孔代替铰链，正好穿过
小皮条。金属小环和小皮条，都可用来佩系杂物。蹀躞带产生的
一个重要原因，就是北方游牧民族常年迁徙，居无定所，只能将
日常生活中较重要的小器具，如刀、剑、磨刀石等随身携带。这
种腰带方便简捷，两晋时期传入中原后很快被汉人接受并风行开
来，此后，历经南北朝、隋、唐，一直为士庶所采用。《唐新语》
里提到，"隋代帝王贵臣多服黄纹绫袍、乌纱帽、九环带、乌皮
六合靴"，而《中华古今注》则提到，"唐革隋政，天子用九环带，
百官士庶皆同"。这里说到的九环带，也是蹀躞带的一种，在腰
带上装有九个金环，方便佩系杂物。唐初，朝廷对文武官员的服
饰佩戴都有详细的规定说明，景云二年夏四月，"令内外官依上
元元年九品以上文武官咸带手巾、算袋，武官咸带七事鞢鞢并
足其腰带"（《旧唐书·睿宗本纪》），"七事"指的是佩刀、刀子、
砺石、契苾真、哕厥、针筒、火石等七件常用什物。

虽然国家的政策法令明文规定只有武官才能佩戴"七事"，
只不过，在这世界上，永远都有那么一部分人，从来都不会按照

规矩出牌，他们血液里流动着不安分的因子，渴望冲破束缚，张扬自我。这一次，挑战常规，烟视媚行地行走在大唐宫阙之中的是太平公主。据史书记载，"高宗尝内宴，太平公主紫衫玉带，皂罗折上巾，具纷砺七事，歌舞于帝前。帝与武后笑曰：'女子不可为武官，何为此装束？'"（《新唐书·五行志》）高宗家宴，他和武则天的小女儿——最受宠爱的太平公主别出心裁地身着武官服装，紫衫玉带皂罗巾，腰带上还挂着那代表武官身份的七件小器具，一眼看上去，恰似玉树临风的翩翩少年。传统史家对此的评价是"此服妖"也，女子而男装，红粉女儿却偏偏要效仿须眉男子，男权社会对这样的女子是惊骇的、排斥的。但是，从呱呱坠地那刻起，命运已经注定了太平公主特殊的人生，她不可能生活在世俗的束缚中。第一公主的身份，迥异常人的环境，使少女时代的太平有着远超年龄的淡定和智慧。当时广为流行的说法是，她身着男装，面对父母的问话，镇定地答道："何妨转赠驸马？"小小年纪，她已经懂得用这种直接又温和的方式，来为自己争取幸福，见惯宫廷婚姻的不幸，她渴望摆脱宿命。唐高宗会意，亲择驸马，选定美男子薛绍。薛绍是太平公主的表哥，出身名门，英俊倜傥，二人称得上是天作之合。高宗开耀元年（681年），十七岁的太平公主嫁进了薛家，送亲的队伍声势浩大，火把燃烧释放出来的烟气甚至熏死了不少路边的槐树，"燎炬枯槐"的成语正是来源于此。驸马与公主结为连理，他们从此相亲相爱，白头到老，这似乎是小说里的格式和套路，可冰冷的现实却是，共同生活七年后，薛绍以"谋反"罪被武则天罚杖一百，然后关进监狱，活活饿死。据说，还是看在公主的颜面上，留了全尸。没有人知道薛绍在血污和饥饿中挣扎时，太平公主的心情，他们七年之中生育了四个孩子，夫妻恩爱，令人称羡。武则天口中"类我"的女儿，万千宠爱集于一身，从没想过，有朝一日会这般束手无策地看着丈夫死于非命，作为公主，她大概第一次体验到了权力带给人的，不仅仅是利益，更多的，还有伤害。夫妻之爱，母女之情，在权力面前都变得微不足道，那一年，她二十五岁，却仿佛已经有了人到暮年的心境。薛绍死后，太平公主在武则天的安排下，很快再嫁，从此，那个娇憨女儿、多情妻

永泰公主墓壁画之侍女

西安韦顼墓出土线刻画中的胡服女子
（转自沈从文《中国古代服饰研究》）

子的形象不见了，取而代之的，是一个"多阴谋"的女政客，活跃在大唐如棋局变幻的政坛上。或许，这才是真正的太平公主，那个在豆蔻年华就已经开始用男装打扮自己、勇敢说出所思所慕的女孩子，她命中注定会成为大唐政坛上一道醒目亮丽的风景线。

大唐的公主是如此地风流不羁，当时的宫廷中，也有附庸风雅的宫女喜欢这种武士装扮，所不同者，她们舍去了七事，代之以若干下垂的皮条。如永泰公主墓壁画上的侍女和西安韦顼墓出土线刻画中的胡服女子，这种改良的蹀躞带紧束纤腰，一缕缕小皮条流苏般垂下，武士的英武，经过巧手天工的改造，化作了女性的柔媚，令人不得不叹服唐代女性的想象力和创造力。

四

时尚的流行永远都难以捉摸，大唐的仕女们还在壁画里妖娆地系着蹀躞带，转眼之间，笏头带已经取代它成为腰带的主流。

笏头带种类较多，通常由带鞓、带铐、带扣、带尾四部分组成，带尾尾端多为圆弧形，"笏头"之名，即源于此。带鞓就是带身，唐代以来，稍有身份的人，都习惯用丝帛包裹皮带，以免将皮革暴露在外。根据丝帛的颜色，可以对带鞓加以区分，红色为"红鞓"，黄色为"黄鞓"，黑色则相应为"黑鞓"，而身份、场合的不同，也决定了佩戴者要选用不同颜色的带鞓。北宋初期，政府颁布舆服制度，规定四品以上及"以下升朝官，虽未升朝已赐紫绯、内职诸军将校"等官员佩戴红鞓，秦观曾为老友作《和东城红鞓带》，其中有句云"想见红围照白发，颓然醉卧文君垆"，红色的腰带和老友的白发互相映照，言下之意，感慨青春易逝，功名难求，人生总是充满了诸多怅惘。

除红鞓外，黄鞓也需一定身份的仕宦之族方可佩戴。《西厢记》第二本第二折中写到张生，"乌纱小帽耀人明，白襕净，角带傲黄鞓"，并介绍其原籍洛阳，"先人拜礼部尚书，不幸五旬之上因病身亡"。张生家世，虽然不能和崔家这样的阀阅世家相提并论，也是名门望族，一条"黄鞓"已经在不经意之间点出了他所属的阶层。《西厢记》说到底，讲的还是大、小贵族之间的爱情故事，如同《红楼梦》中贾府的焦大不会爱林妹妹一样，那依然是普通平民难以触及的另外一个世界。

在等级社会里，腰带基本上就是身份的象征。宋代吴处厚的《青箱杂记》中记载了一个令人心酸的小故事，"本朝之制诰，待制止系皂鞓犀带，迁龙图阁直学士，始赐金带。燕公为待制十年，不迁，乃作《陈情诗》上时宰，曰：'鬓边今日白，腰下几时黄？'于是时宰怜其老，未几迁直学士。燕公登科最晚，年四十六始用寇莱公荐，转京官，晚登文馆，列侍从，作直学士，时已六十余矣。"文中，北宋的燕肃出身贫寒，自幼失怙，难得他在艰难困苦中仍能发奋读书，但又名场蹭蹬，直到四十多岁才考中进士，进入仕途。他为人宽厚，又敢于直言，处理政务井井有条，很得百姓爱戴，却不怎么讨上司欢心，在"待制"这个级别的职位上干了十余年依然没有得到升迁。他这样的老实人，心里有再多的愤懑和委屈，也不会就那么直接地嚷嚷出来，他选择了另一种更为委婉的方式，给当时的宰相王曾写了一首《陈情诗》。宋制规定，待制级别的官员只能穿皂靴、系犀带，升迁到学士后才能系金带，燕肃已年过六旬，鬓发苍苍的老者，疲倦奔波于官场应酬中，升迁却遥遥无期，境况着实堪怜，那句"鬓边今日白，腰下几时黄"道出了他内心的委屈、无奈中还有焦虑，却又显得委婉低调，很有几分"哀而不怨"的味道。这样合理的请求，大概没有几个铁石心肠的上司能拒绝。在王曾的斡旋下，燕肃很快被升为龙图阁直学士，此后仕途顺畅，以礼部侍郎终老。

所谓金带，其实也是革带，只是在革带上钉缀了金銙，故而被称为金带。金銙是一种带銙，带銙就是钉缀在带鞓上的小牌饰，金銙和玉銙是最常见的两种带銙，相应地，钉玉銙者为玉带。此外，还有银带、铜带、铁带、犀带、角带等，都是因不同的带銙材质而得名。（见《中国服饰》，第225页。）在上述燕肃的故事中，金带与犀带的区别，不仅仅是材质、工艺的差别，在更大程度上，它们昭示着身份地位的不同。这些腰带不仅是男子在官场中佩戴，也同样为女子所系用，《宋史·理宗本纪》记载，周国公主的嫁妆中就有"金革带一条"。并且，女性在不同场合，也需要按照自己所属的等级佩戴不同的腰带。《明史·舆服志》"命妇冠服"中就明确规定，一品夫人佩玉带，二品佩犀带，三、四品佩金革带，五、六、七品佩乌角带，可见等级之森严。从中也能看到，和其他带銙相比，玉质的规格更高。

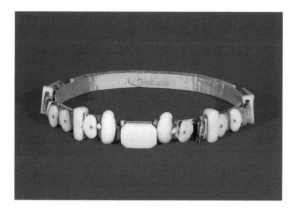

江苏苏州元墓出土玉带

早在唐代，十三銙玉带就已经成了等级最高的腰带，唐代玉銙图案多为动物、植物、佛像等，且多胡人面貌，民族大融合的痕迹非常明显。宋人尚金，但仍以玉带为贵，与唐代区别较大的是，玉带图案中多为文人面貌，原因在于宋代崇文，是文人社会，文人被抬到较高的地位，民间有"十年寒窗无人问，一举成名天下知"的说法，那是对科举和功名的肯定，也是当时社会风貌的真实写照，因此在玉銙图案中出现文人像便不足为奇了。与宋同时的辽

辽金玉带銙

国、金国，又稍有差别，北方少数民族喜好狩猎，所谓春猎之水，秋猎之山，春天在水中捕鱼鸟，秋季在山中擒虎兽，故而辽、金两国的玉带图案中，多"春水"和"秋山"，以表现狩猎场景。

延至明清时期，玉带仍为较高规格的腰带，《红楼梦》中以"玉带林中挂"隐喻林黛玉，借美玉无瑕赞美其高洁孤傲的品格，也引得后世人纷纷猜想梦境外黛玉的真实结局。从《明史·舆服志》中能看到，明代能佩戴玉带的命妇必须是一品夫人，黛玉既然能和"玉带"联系起来，那么，有一种可能性就是，她最后嫁给了公侯王爷，而在《红楼梦》中，虽出场不多，但人物品貌和黛玉大致相当者，非北静王莫属。故而在红学界中，围绕着"林黛玉和北静王"，一直颇有争议，而究其由来，实缘起于玉带。

《红楼梦》是"千红一窟（哭），万艳同杯（悲）"的故事，从丫鬟奴婢到千金小姐，女性的身份决定了她们只能从属于男子，不能主宰自己的命运。从《明史·舆服志》对"命妇"服饰规格的要求来看，上层社会的夫人们，妻凭夫贵，同步提升了自己的地位和阶层，而中国传统社会中的大部分女性是没有这种"幸运"的，她们的命运操于男性之手，只具备"物"的性质。有时候，男权社会将她们当作"物"，放在天平上衡量，其分量甚至比不上一条腰带。宋代郑文宝《南唐近事》中记述了这样一个故事：

> 严续相公歌姬，唐镐给事通犀带，皆一代尤物也。唐有
> 慕姬之色，严有欲带之心，因雨夜相第有呼卢之会，唐适预焉。

严命出妓、解带、较胜于一掷，举坐屏气观其得失。六骰数巡，唐彩大胜。唐乃酌酒，命美人歌一曲，以别相君。宴罢，拉而偕去，相君怅然遣之。

严续和唐镐是朋友，严续视爱姬为尤物，唐镐以犀带为珍宝，二人在一起大概要经常吹嘘自己的宝物，久而久之，彼此就动了心思。犀带是什么样的腰带呢？《金瓶梅》中曾对犀带有较为详细的解释，三十一回里写西门庆要走马上任，在家攒造衣服，又定了几条腰带，应伯爵对此赞不绝口："亏哥哪里寻的？都是一条赛一条的好带，难得这般宽大。别的倒也罢了，只这条犀角带并鹤顶红，就是满京城拿着银子也寻不出来。不是面奖，就是东京卫主老爷，玉带金带空有，也没有这条犀角带。这是水犀角，不是旱犀角。旱犀不值钱，水犀角，号作通天犀。你不信，取一碗水，把犀角安放在水内，分水为两处。此为无价之宝。"犀带，就是用犀牛角制成的带铐钉缀而成，水犀比旱犀珍贵，严续如此看重唐镐的犀带，此带应该是钉缀着水犀带铐，才当得起"一代尤物"的说法。

"尤物"这个词，清楚地点出了女子在当时社会的位置，尤其是年轻漂亮的女子，她的美貌，让自身更多具备了被观赏、被觊觎的"物"的性质，她只是作为男性欲望的对象而存在着，她的所思所想、所盼所念，则基本无人关注。恰逢雨夜，那时节，也没有别的娱乐，朋友聚在一起，掷掷骰子，博点利市，高兴了再饮酒、谈女人，这大概就是文人圈子里常见的消遣方式了。酒过几巡，严续心头的贪念又被勾动，他干脆提议，以爱姬和犀带为彩头，与唐镐一决胜负。方才还在喧哗闹腾着的酒宴，因这场豪赌，一下子变得安静，烛影摇曳，所有人的目光都凝聚在桌面上。按规矩，骰子以点数定胜负，每掷一轮，席中便爆发出一阵惊呼，忽起忽落，严续和唐镐的脸上阴晴不定，没有人注意角落里的女人……

故事的结局，以唐镐胜出而终结，严续沮丧地送出爱姬，围观众人以目睹了一场精彩的博胜而满足，而那个备受伤害和侮辱的女子，也只能无奈地承受了这场荒唐赌局的后果。在这场由一条犀带引发的博弈中，身处局中的女性是那么的悲哀、无奈，如白居易所咏叹"人生莫作妇人身，百年苦乐由他人"（《太行路》），着实可悲。

毋庸赘言，玉带、金带、犀带等，都是钉缀着单一材质做成的牌饰。而制作带銙者，也不乏其他材质，如金镶玉、金镶宝石等。明代杨慎《词品》卷二中提到，"京师有闹装带，其名始於唐白乐天诗'贵主冠浮动，亲王带闹装'，薛田诗'九苞绮就佳人髻，三闹装成子弟鞯'"。闹装带，就是各种珍宝杂缀镶嵌为带銙的腰带，它起源于唐代，明代仍在沿用。

明清时期，人们还常常选用有香气的材质制作带銙，这种飘香的腰带称为香带，有时候，在带銙中添加香料成分，也能四溢飘香。如上文中提到《金瓶梅》中的犀带，"钉了七八条都是四指宽，玲珑云母，犀角鹤顶红，玳瑁鱼骨香带"，也是香带。《明史·舆服志》中记载，"洪武三年定，凡常朝视事，以乌纱帽、团领衫、束带为公服。其带，一品玉，二品花犀，三品金钑花、四品素金、五品银钑花、六品七品素银、八品九品乌角"，明确规定只有二品官员才能系佩犀带。西门庆花钱买了个五品千卫的官儿，按理只能系银带，可他居然就大刺刺地自个儿做了几条犀带，还是香

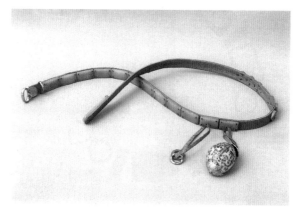

吉林辽金墓出土单带头玉带

成都前蜀帝王建墓出土双带头玉带

带，说明晚明社会禁令松弛，有令难行，更可见西门庆其人的骄奢张狂，毫无顾忌。

前述笏头带组成部分中，带鞓、带銙已有较多考证，留待说明的尚有带扣、带尾。带扣也称带头，一般用两个，也有只用一个的，如吉林出土的辽金墓单带头玉带和现藏四川省博物馆的成都前蜀帝王建墓出土双带头玉带。带头通常用金属制成，多为环状或卡式。《金史》记载，"大带，青罗朱里，纰其外，上以朱锦，下以绿锦，纽约用青组，捻金线织成带头"，可见在金代，规格较高的腰带，要捻金线织成带头。带尾则是钉在带鞓尾部的配件，数目通常要与带头保持一致，一个带头相应配一个带尾。《宋史·崔公度传》中记叙，崔公度"起布衣，无所持守，惟知媚附安石，昼夜造请，虽蹑厕见之，不屑也。尝从后执其带尾，安石反顾，公度笑曰：'相公带有垢，敬以袍拭去之尔。'见者皆笑。"崔公度谄附王安石，甚至拉住王安石腰带的带尾，用自己的衣服来擦拭灰尘，寥寥数语，生动刻画出了崔氏入骨的媚态。

直以来，革带是中国古代腰带的主流，但不可忽略丝带也
是古代腰带的重要组成部分。丝带，是以丝织物织成的腰
带。汉代许慎《说文解字》中释义，"带，绅也，男子鞶带，妇
人丝带，象系佩之形，佩必有巾，故从巾"。据此看来，这种丝
带多为女子所系。然而，在古代，男女之间对于腰带的区分并不
那么严格，一种腰带问世之后，往往男女都可佩戴。比如绲带，
班固等撰《东观汉记》记述，"郑遵破匈奴，上赐金刚鲜卑绲带
一具"，又范晔《后汉书·舆服志》记载，"自公主封君以上皆带
绶，以采组为绲带，各如其绶色。黄金辟邪首为带镱，饰以白珠"，
可见，汉代的绲带，男女通用。

汉晋以来，女子所佩丝带，有多种款式，多种图案。相传
元代女子龙辅，日日待在闺中，闲来无事，遍览家中群书，搜集
历代女红，编成了《女红余志》，其中提到莲枝带、莲花带、锦

衣带等，均源于汉晋。

莲枝带，也称连理带，上绣有花枝缠绕的图案，汉晋时期较为流行，文献也多有记载。如"长裙连理带，广袖合欢襦"（辛延年《羽林郎》）、"荀奉倩将别其妻，曹洪女割莲枝带以相赠，后人分钗即此意"（《女红余志》）等。后者说的是荀奉倩夫妇的故事：荀奉倩娶了曹洪的女儿，两人如鱼得水，情好甚笃。曹洪的女儿大概很美，荀奉倩心满意足，日常外出与朋友聚会，公然宣称，"妇人德不足称，当以色为主"。这或许是大多数男性内心的真实独白吧。但红颜遭忌，严冬时节，曹氏偶感风寒，由于体质羸弱，病情很快加剧。荀奉倩快要急疯了，一直以来，爱妻是他的生命的另一半，若失去她，他的人生也将变成残缺。摸摸她的额头，滚烫无比，天色已寒，顾不得家人阻拦，荀奉倩脱掉外衣冲出去，站在院子里，任凭北风呼号、面如刀割，生生地把自己冻成了冰棍。然后，挪动着冻僵的身躯回到屋中，推开要给他披上外套的婢女挪到榻前，用自己冻冰的身体给夫人降温散热。可惜的是，这对恩爱夫妻还是没能白头偕老，曹氏一病不起，临终前，她剪断莲枝带送给丈夫，既然今生缘尽，她希望以后能有更好的女子来陪伴他……

异曲同工，相比寓意深刻的莲枝带，此后出现的莲花带在做工、装饰等方面毫不逊色。循名责实，莲花带，是一种绣有莲花图案的衣带，也称芙蓉带。南朝梁吴均《去妾赠前夫诗》云"弃妾在河桥，相思复相辽。凤凰簪落鬓，莲花带缓腰"，写弃妇的伤感和憔悴，丝丝入骨。又如唐代毛文锡《赞浦子》词云"懒结芙蓉带，慵拖翡翠裙"，女性的慵懒之态跃然纸上。再如《女红余志》记述，"吴绛仙有夜明珠，赤如丹砂，恒系于莲花带上，着胸前，夜行，他人远望，但见赤光如初出日轮，不辨人也"，在夜明珠的照耀下，莲花带熠熠生辉，光华夺目。（见周汛、高春明《中国衣冠服饰大辞典》，上海辞书出版社，第439页。）

锦衣带，则是裁剪为竹叶状的衣带。《女红余志》云，"桓豁女字女幼，制绿锦衣带，作竹叶样，远视之无二，故无瑕诗云'带叶新裁竹，簪花巧制兰'，女幼，庾宣妇"。晋人提倡"越名教而任自然"，故而在服装佩饰上，亦多贴近自然。

此外，历代女子腰带中，还有蒲萄带、鸾带、合欢带、绶带等。或以腰带上所绣图案名之，或以腰带形状名之，或以制作材料、色彩名之，五彩斑斓，美不胜收，而中国古代文化中的种种精致、细腻之处，也得以在丝丝拂拂的宝带中，一一呈现。

七

锦裤：红纱膝裤扣莺花

通眉长爪小郎君，兰气吹来欲化云。

如此风流堪掷果，不教新妇配参军。

《题〈红楼梦图咏〉》

清代画家改琦作《红楼梦图咏》，绘红楼人物栩栩如生，蜚声海内，引来众多名流题咏。文前所引，即为清人刘枢对薛蝌的题咏。在《红楼梦》所建构的女儿国里，薛蝌也称得上是一介奇男子，虽然出身皇商家庭，年纪轻轻就执掌家族大事，却难得不骄不躁，没有半点富家子弟的坏毛病。他这般老成稳重，伯母薛姨妈看在眼里，深感老怀弥慰。未曾想，在薛家，还有另外一双眼睛也在紧紧盯着薛蝌，并将他的影子深深镌刻于心中，那就是他的堂嫂——夏金桂。夏金桂与薛蟠如胶似漆地度过蜜月后，很快就彼此大失所望。薛蟠讨厌金桂的骄纵任性，金桂更是对贪淫好色又蠢笨无能的薛蟠厌恨不已，夫妻渐渐失和。薛蟠终日在外惹是生非，终于闯下大祸，身陷囹圄，失去依靠的金桂开始为自己的下半辈子谋划。她原本就不是什么拘谨守礼的千金小姐，看到薛蝌年纪轻轻，一表人才，又能力出众，不由得动了心思，日

清·孙温绘《红楼梦·纵淫心宝蟾工设计》

常闲谈中对贴身丫鬟宝蟾也多有流露。那宝蟾也不是良善之辈，薛蟠出事前，就先和金桂联手，除掉了碍眼的香菱，后又渐渐与金桂分庭抗礼，争夺薛蟠的宠爱。眼下，她拨拉自个的算盘，一心想赶紧找条出路，又和金桂结盟。两人合计着定下计划，想引薛蝌入彀，于是有了"送果品小郎回测"一回里的内容：

宝蟾出马，给薛蝌送果子美酒，言谈之际，亲切熨帖，想引薛蝌上钩。又特意留下酒壶，以作再次勾搭的由头。待到不得不走之时，又百般做作，"宝蟾方才要走，又到门口往外看看，回过头来向着薛蝌一笑，又用手指着里面说道：'他只怕要来亲自给你道乏呢。'"这光景，聪明过人的薛蝌便觉着了几分，他素来瞧不上泼辣骄悍的金桂，想不到她居然心怀回测。薛蝌第一反应是害怕，正在狐疑之际，听得窗纸微响，仿佛有人在外偷窥。他索性吹灭灯，屏息而卧，听到宝蟾娇声问："二爷为什么不喝酒吃果子，就睡了？"如此一来，薛蝌完全明白了她们的意思，更是默不作声，这宝蟾只有悻悻而去。

宝蟾毕竟是个有心计的丫头，"一计不成，又生一计"。翌日早晨，她不事梳洗，来到薛蝌房中取酒壶，书中这样写其装扮，"拢着头发，掩着怀，穿了件金边琵琶襟小紧身，上面系一条松花绿半新的汗巾，下面并无穿裙，正露着石榴红洒花夹裤，一双新绣红鞋"。薛蝌见了，"心中又是一动"。何故？原来，清代女子着装习惯是裙裤并穿，裤子穿在里面，裙子在外遮盖，裤子是内服，裙子是正装。换言之，像宝蟾这样，在男子面前不穿裙装，是非常不符合礼法的轻佻行为，其中挑逗之意，不言自明。只是落花有意，流水无情，薛蝌对她们主仆二人并无好感，这场相思，注定了无结果。

《红楼梦》成书时间，已经接近中国古代社会的末期，此时女性穿着夹裤出来见人，尚且被指为"不正经"。然而，潮流的发展往往出乎意料，大约一百年之后，随着西风东渐，裙、裤分家，反而成了女性的新时尚。清末民初的女性，渐渐以丝袜配裙子为流行，裙、裤一体，几乎完全成为"古董"式的着装，各式各样的女裤，也堂而皇之地登场亮相，大有与飘逸长裙分庭抗礼之势。不过，服装的变化，往往不离其宗，谁能预料，未来某时，女性们不会厌倦了工业社会的时髦着装，转而在裙裤合一的古典中寻找往日的浪漫情怀呢？因为，中国千年来女裤的改制变形过程，本身就是一部循环往复，精彩纷呈，曲折前行的历史。

一

在中国，裤出现得很早，大约在商周时期，人们就已经开始穿裤。不过，那时的裤子开裆，被称为"绔"（袴），或"胫衣"。《说文·衣部》云："袴，胫衣也。"清代大儒段玉裁注解为："今所谓套袴也。左右各一，分衣两胫。"顾名思义，"胫衣"往往只能覆盖小腿，膝盖以上都是裸露的。这种"胫衣"，和围在下体的裳搭配着穿，实际上是一种内衣。在注重服装礼仪的先秦时期，和深衣、上衣等相比，"胫衣"不受重视，人们多用麻、布等粗糙的材料来缝制"胫衣"。偶尔，贵族也会用丝、帛等较好的料子来做"胫衣"，但会被视为浪费。这种习俗在汉代仍有所保留，《汉书·叙传上》中记述，"数年，金华之业绝，出与王、许子弟为群，在于绮襦纨袴之间，非其好也"。"纨袴"指上好的布料做成的"胫衣"，后世以此称富贵人家的子弟，"纨袴子弟"的得名，即源出此处。

围裳和胫衣，两两相配，是先秦时期中原地区民众的正式服装。战国时，纷争不息，为提高军队的战斗力，史上大名鼎鼎的赵武灵王，做了一件意义深远的事情——"胡服骑射"。此前赵国的军队，从军官到士兵都长衣博带，在瞬息万变的战场上，骑马驱车，奔跑射箭，无异于自缚手脚。赵武灵王颁布法令，"使民皆效胡俗，窄袖左衽，以便骑射"。舍弃笨拙的战车，训练精锐骠悍的骑兵，于是赵国军力日益强盛，甲于三晋。赵武灵王亲自率师攻城略地，拓宽国土数百里。而胡人的着装，也渐渐在中原地区流行开来。

当时的长裤，依然有别于今日，它只是在原来"胫衣"的基础上有所改进，将裤管接长后系在腰上，裤裆处依然暴露。也就是说，那时人们所穿的还是开裆裤。开裆裤外，还围有裳，所以不用担心裸露肢体。开裆裤的实物，在出土文物中仍能发现：湖北江陵马山楚墓中曾经出土过一条女裤，裤腿完整，下有收口，但前后裆并没有连接起来，仍是开裆裤。

这种开裆裤，在汉代被称为"穷裤"，它的形制是直达于股，以带系缚裤裆。在裆上缚带，不做成满裆，仍是为了便溺的方便。所以穷裤又有"溺裤"之称，这种裤子不仅施于女子，男子也有穿着者。除方便私溺外，这种开裆裤当然还有一种最原始的功能：早在远古时期，男女可以自由交往，彼此不受婚姻约束。受此影响，在服装方面，亦未曾更多考虑到隔绝异性的必要性。

目前所见关于合裆裤的较早记载，也事涉男女。《汉书·周仁传》记述："仁为人阴重不泄。常衣弊补衣溺袴，故为不洁清，以是得幸，入卧内。"周仁是汉景帝的宠臣，此人很有心计，经常在景帝面前穿着破破烂烂的衣服和系结了多条带子的穷裤，显出一副邋里邋遢的模样。景帝遂认为他绝无可能染指后宫。周仁由此得以自由出入禁宫。

《汉书·外戚传》还曾记述，孝昭上官皇后是霍光的外孙女，"光欲皇后擅宠有子，帝时体不安，左右及医皆阿意，言宜禁内。虽宫人使令皆为穷绔，多其带，后宫莫有进者"。这段记述里提到了几个关键人物：帝、皇后、霍光，牵系到中国历史上一段血雨腥风的宫廷斗争。

公元前87年，中国历史上不世出的一代英主汉武帝辞世，临终前以国事委托大司马霍光，八岁的皇太子即位，史称汉昭帝。霍光是历事武帝、昭帝、宣帝三朝的西汉名臣，在昭帝十二岁时，同为顾命大臣的上官桀之子上官安想把自己才六岁的女儿送入宫中，希望她成为皇后，就去找岳父霍光商量，没想到霍光认为外孙女太小，不宜入宫，一口回绝。上官安无奈之下，只好另找门路。最终打通盖长公主关节，上官氏被迎入宫，封为婕妤，既而立为皇后。由于诏令出于中宫，且并未违反国家的条例，只善谋国、不善谋家的霍光，只能恭谨从命。出身贵族世家，冲龄即母仪天下的上官姑娘，早早地失去了快乐的童年，离别亲人进入深宫禁地。史上最年轻的皇后桂冠,并未给她带来幸福。她孤寂寡欢,随后还目睹了一场场亲人纷争,骨肉相残的闹剧。先是她的祖父、父亲不满霍家独揽大权,联合各派势力想铲除霍氏,却以失败告终,上官家族被灭族。年方八岁的上官皇后,以其年幼,加之又是霍光的外孙女,并没有受到任何影响,相反,随着霍光一家独大,朝堂内外趋炎附势的亲贵们却都在想尽办法让她宠冠后宫,其中,就包括"穷绔"事件。

当时昭帝身体不好,左右大臣和医生都异口同声地说,"皇上龙体欠安,除了皇后之外,不宜再近女色",被一团"正气"和"真诚"包围着的汉昭帝只能接受他们的好意,从此和上官皇后形影不离。为防微杜渐,大家又想出一招,在嫔妃和宫女的衣裤上做手脚,让她们统统穿上合裆裤,并且用多条裤带系结。也不知是层层缚扎的衣裤在昭帝和妃嫔们之间竖起了有形的障碍,还是别的什么原因,直到昭帝辞世,后宫中竟无有怀孕者。可惜的是,上官皇后还是太年轻,从她六岁登上皇后宝座,到昭帝逝世时才十五岁,整整九年的时间,她陪在昭帝身边,却仍无子嗣。此后,上官氏历经昌邑王、汉宣帝、汉元帝三朝,先后被尊为皇太后、太皇太后,位极尊荣,却寂寞无比。尤其是霍光死后,霍氏家族密谋废去宣帝,事情败露,子侄亲属尽数处死,诛灭不下千家。她曾经眼睁睁地看着父族灭亡而束手无策,此时,她贵为太皇太后,却依然无力挽救母族的覆灭,内心深处的凄凉和痛苦可想而知。的确，权力永远都是一柄双刃剑，可以制人，却也不能避免被制。旁人只钦羡身登高位者的霞光万丈，却不不能真正理解他们寂寥孤独之苦。

山东沂南汉墓出土百戏画像图

西汉还出现了合裆之裤，这种裤子被称为"裈"。从此，开裆的"袴"和合裆的"裈"，成了中国古代裤子的两种主要款式，并行不悖，在后世衍变出多种款式的裤子。

相比较而言，裈更为便利，也更多地为军士和普通劳动者所穿，贵族们依然沿袭着内袴外裳的传统着装。裈的款式分两种：一种长过膝盖，和今天的长裤比较接近；另一种则较短，和今天的短裤比较相像，亦被称为犊鼻裈。明代徐炬《事物原始》中记述，"裈，褒衣也。汉司马相如着犊鼻裈，晋阮咸七夕晒犊鼻裈，以三尺布为之，前后各一幅，中裁两尖裆交凑之。今之牛头子裈，乃农衣也，始于西戎，以牛皮为之"。犊鼻裈以三尺左右的布料做成，古代之尺和今天的尺相比，更为短小，三尺不足一米，这样缝制而成的犊鼻裈，应该短而利索。山东沂南汉墓出土的画像石里，有百戏画像图，最左边的那位杂技艺人，两腿叉开，裤长刚刚到膝，正是犊鼻裈的样式。（见《中国历代妇女妆饰》，第245页。）

《事物原始》中还讲到了两个和犊鼻裈相关的典故，一为司马相如，另一则为阮咸。司马相如与卓文君的爱情故事，传唱千年，多见诸诗词。如宋晏几道《题司马长卿画像》"犊鼻生涯一酒垆，当年嗤笑欲何如"，元方夔《卢明之开炉》"燕颔已空西塞梦，犊裈莫遣远山愁"，明孙柚《琴心记·当垆市中》"丈夫沦落竟何言，犊鼻含羞只自冤"，明王叔承《竹枝词》"千金卖得文章去，不记当时犊鼻裈"等，都提到了犊鼻裈与这段故事之间的关系。

相传司马相如年轻时，虽才高八斗，却无人赏识，一直过着穷困潦倒的生活。时为西汉早期，大一统的汉帝国里依然保留着文人奔走于贵族之门的古风，司马相如"朝扣富儿门，暮随肥马尘"，来到了四川临邛。这是一个很小的县城，县令王吉是他的好友，向他详细介绍了临邛城里的风土人情，并略带几分神秘地告诉他，川中第一富户卓王孙的女儿卓文君新寡回到了娘家，她貌美如花，且通晓音律，是才貌双全的有钱小姐，城中垂涎她的男子多如过江之鲫。司马相如闻言，不禁心动。"窈窕淑女，君子好逑"，如果淑女多金，那就更会令君子心向往之了。他开始暗中筹划，盘算着如何接近卓文君，以及她背后那富可敌国的财富。

第一步是要沽名钓誉。司马相如的老朋友王吉恰到好处地伸出援手，他三番五次地到司马相如下榻之处拜访，居然屡次吃了闭门羹。司马相如如此倨傲，王吉却依然不愠不怒，以礼待之。就这样，在司马相如和王吉二人进行太极推手的过程中，风声传遍了全城，城中居民都知道，临邛来了个蜀郡名士，连县父母都难得一见。素好附庸风雅的卓王孙闲不住了，如此高洁之士，岂能不邀为上座嘉宾？就这样，司马相如堂而皇之地进了卓府。

第二步是借琴喻意。茶过三巡后，依然是王吉出面邀请司马相如为在座诸公抚琴，他选择了《凤求凰》。作为此中高手，相如深信，通晓音律的卓文君会懂得他的弦外之音。世上诸事的圆满，究其根本，就是相遇相知。卓文君聪慧绝顶，她虽然寡居娘家，却事事留心，以为再嫁之计。司马相如的做派，不胫而走，她自然也有所闻。故而，当相如迈进卓府的那一刻，她就悄悄地在后堂观察了。司马相如的相貌不错，史书中记述其"雍容闲雅，甚都"，意思就是风度翩翩，"皎于玉树临风前"。文君一见之下，情意陡生；再听那如怨如慕、如泣如诉的琴声，"闻弦歌而知雅意"，更是心旌摇荡，情难自禁。司马相如对于自己的魅力从来都是深信不疑的，一曲甫毕，又花了点钱买通文君身边的小丫鬟，捎去一封情书，然后飘然离去。

第三步，退而结网。已经走完前两步，鱼饵业已洒下，他只需张网等待了。不出相如所料，甚至超出他的意料，这条美人鱼很快游入网中。当晚，文君就迫不及待地来到他下榻的旅店与之幽会。寡居的文君，和闺中少女相比，少了几分顾虑，多了一些洒脱，抓住现实的幸福最重要，礼教的束缚早已被她抛诸脑后。两人都是一时豪杰，情投意合，趁着夜色朦胧，连夜出了临邛城。这场千古闻名的私奔，从策划到实施，顺利高效，足见司马相如旷世奇才，不仅会弹琴作赋，运筹帷幄也是顶尖高手。他甚至连卓王孙的反应都算好了。天亮之后，卓王孙发现文君夜奔，勃然大怒，放出狠话，要与女儿一刀两断，文君连一个铜板也休想从娘家捞到。对此，司马相如只是莞尔一笑，他很快带着文君回到临邛，不过这次是以酒店老板以及老板娘的身份在城里安顿下来。卓王孙的千金小姐，公然荆钗布裙在堂前卖酒，那名义上的女婿呢，就更超凡脱俗，居然穿了一条犊鼻裈，赤着两足，与那些酒保杂役混在一处，刷盘子洗碗，这简直成了临邛城里的头号新闻，卓王孙气得闭门不出，在家里徒唤奈何。

汉代社会注重礼仪，只有身份低下的贩夫走卒才会穿着犊鼻裈之类的不雅之服，司马相如在临邛城里这般亮相，是公然不顾卓王孙颜面了。遇到这样一个才子加无赖，卓王孙也只好自认倒霉，他很快给女儿女婿送去了一大笔银子和一大批佣人，条件就是请他们迅速离开。司马相如的目的已达到，他也不想再给老丈人难堪，于是潇洒撤退，就此作别。在这个故事里，从卓王孙那里兼收鱼和熊掌，讨到钱财及漂亮夫人，犊鼻裈可谓功不可没。

两汉之后，玄学风行，士人以放诞不羁为尚，在这种氛围之中，犊鼻裈亦颇受青睐。南朝宋刘义庆《世说新语·任诞》云，"阮仲容、步兵居道南，诸阮居道北。北阮皆富，南阮贫。七月七日，北阮盛晒衣，皆纱罗锦绮。仲容以竿挂大布犊鼻裈于中庭。人或怪之，答曰：'未能免俗，聊复尔耳。'"

阮咸列名"竹林七贤"，种种怪诞乖僻之事，不一而足。晋人有种习俗，夏季烈日炎炎之时，要把衣物、书籍等拿出来暴晒，因为夏天光照最强，紫外线可以起到很好的消毒作用。聪明的古人，千百年前就懂得人与自然和谐相处。魏晋时期，种种社会矛盾交织，政治腐败黑暗，内乱外患迭起，人民颠沛流离，神州哀鸿遍野。然而，人命如草芥的惨象并没有催生穷则思变，由乱入治；反而滋长了贪图享乐、崇尚虚无、放诞不羁的社会风气。在这样的历史背景下，极尽奢华的金谷园，石崇与王恺的斗富，刘伶、阮籍之徒，扪虱而言，晒衣日等故事纷纷应时而出。阮籍、阮咸叔侄旷放不拘礼法，同列"竹林七贤"，贤名在外，却都不事生产，家中自是一贫如洗，他们都住在官道南边，称为"南阮"，和住在北边的有钱族人形成了鲜明对比。

又一个七月七日到了，北阮们都兴高采烈地将家中的绫罗绸

缎摆放满庭，珠光宝气，炫人眼目，其中自然不无炫耀之意。如
何与之抗衡呢？阮咸不愧为名士，只见他不慌不忙地架起大竹竿，
挂上粗布犊鼻裈，当庭晾晒起来。见者无不惊讶，纷纷质疑。阮
咸微微一笑，从容自若地回答"未能免俗，聊复尔耳"，意思就是"也
没有什么啦，北边的本家都在晒，我也来凑凑热闹，应个景儿"。
这句不卑不亢的答词，连同那悬挂竹竿、迎风摆动的犊鼻裈，映
照出了魏晋名士的性情风骨。世人皆以绫罗绸缎、金银珠宝为可
夸耀者，但在真正的名士眼中，它们的价值，甚至还比不上一条
舒适自然的犊鼻裈。

　　魏晋南北朝，还是裈——裤子的流行时期。《世说新语·德行》
中记述，"宣洁行廉约，韩豫章遗绢百匹，不受；减五十匹，复不受；
如是减半，遂至一匹，既终不受。韩后与范同载，就车中裂二丈
与范，云：'人宁可使妇无裈邪？'范笑而受之。"范宣子是当时
名士，以清廉而著称，豫章太守韩康伯送给他一百匹绢，他不肯
接受，减为五十匹，还是不接受，再减半，直到最后只剩下一匹，
他仍没有接受。可见，魏晋名士不食嗟来之食，有时甚至固执到
了不近人情的地步。遇上这样一位时人称颂，不肯涉足官府的隐
士，韩康伯自有办法。他巧妙地制造了一个机会，得以与范宣同
车，两人侃侃而谈，论时事天气，聊爱好娱乐。谈着谈着，他察
言观色，看到范宣笑容愉悦，立刻见机而作，在车上撕了两丈绢，
塞给范宣，然后从容不迫地说："一个人再怎么廉洁，也不可以

让老婆没有裤子穿吧?"这句话一语中的,切中要害。魏晋名士们固然喜好清誉,但也要维护家族声望,顾及妻儿老小做人的尊严。范宣笑容可掬地收下了这两丈布,双方皆大欢喜。《世说新语》成书于南朝刘宋初期,距范宣子的时代较近,书中记载前朝轶闻,应当真实可信,这则小故事,也从侧面证实了晋代女性身着长裤已是普遍、广泛的社会现象。

两晋时期，代表正统的晋室衰微，少数民族趁势而起，或割据一方，或逐鹿中原，百余年间，建立政权的多达十三国。随之俱来的是各民族的服饰涌入中原，流及江南。当时流行的裤褶就是一种裤与褶相连的服式。因为裤褶中的裤装两管肥大，走起路来拂拂带动，颇有风声，也称大口裤。汉民族相生相克，平和中正的哲学思想在这里又找到了发挥的空间：下装裤管肥大，相应地，上衣就要紧窄附体，这种上衣被称为"褶"。上衣下裤连接，浑成一体，宽窄适度，合称"裤褶"，如北朝陶俑着装所示。

北朝身着裤褶的陶俑

现存典籍中也多见与裤褶相关的记述。以《世说新语》《邺中记》为例，两书分别记载"武帝降王武子家，婢子百余人，皆绫罗裤褶"，"石虎皇后出，女骑一千为卤薄。冬月皆著紫纶巾，蜀锦裤褶，腰中著金环参镂带，皆著五彩织成靴"，均反映了裤褶在北国江南各地区、各阶层广泛流行的历史事实。从中还可以清晰地看到汉族文化对服装实用性的规范、引导作用：裤子和传统裳衣的区别主要在于便捷灵活，但两腿分别着裤，毕竟不太符合汉民族庄重肃穆的文化传统，尤其在拜见君王和祭祀祖先的时候，裤管分开难免有不敬之虞，故而有识见者巧妙地加以改进，增肥裤管，使之望去翩翩舞动，宛如围裳，但行动起来又远比围裳方便。后来，为了更好地便于行走，人们干脆用布带缠绕裤管，将裤口缚扎起来，这种样式的裤装，被称为缚裤或缚绔。

缚绔在史书中亦多有记述，如《太平御览》卷六九五引《宋书》"元凶邵弑逆，袁淑止之，邵因起，赐淑等袴褶。又就上衣取锦裁二尺为一段，又中裂之，与淑及左右，使以缚袴褶"，再如《南史·沈庆之传》"上开门召庆之，庆之戎服履靫缚袴入"，又如《东昏侯纪》"（东

加拿大多伦多皇家博物馆藏
北魏彩绘陶文武士俑

昏侯）戎服急装缚袴，上著绛衫，以为常服，不变寒暑"。上述只言片语表明，缚袴已为当时社会广泛接受，贵族、平民亦然。这一推断，还可从出土实物中找到确证。如左图北魏陶俑身着的便是缚裤，膝盖处的缚布痕迹都非常清晰。

四

迄至隋唐，女性虽然喜欢穿裙，但长裤依然并行不悖。与魏晋南北朝时期流行的缚腿宽裤不同，唐代女子偏爱窄腿裤，裤脚部分明显收紧。如陕西西安出土的唐代石刻所展示的即是窄腿裤。唐代的女性地位也比较高，尤其是初唐后期，从武则天、韦后，再到太平公主，女性在朝廷的政治格局中，享有至高的权力，影响所及，使得整个大唐帝国中，女性亦格外豪爽活泼。

唐代女子可以自由社交、运动、郊游，在进行这些活动的过

陕西西安出土唐代石刻

程中，穿着长裤，无疑要比长裙更为方便利落。章怀太子墓曾出土一批壁画，其中有一副马球图，描绘了唐代贵族女性打马球的场景：画中女子长靴马裤，英姿飒爽，一副巾帼不让须眉的气概，这是目前所见关于"中国马球"的最早图像资料。打马球是唐代贵族所喜爱的运动，唐玄宗李隆基更是此中高手，南宫博所著历史小说《乱世红颜：杨贵妃》中，就曾写到李隆基教杨玉环打马球之事，虽是小说家笔法，作者对细节的想象，却是立足于唐代贵族热衷马球运动的历史事实之上。书中写到杨玉环换球衣出场，让垂暮的皇帝精神一振，那球衣显然应该是短衣马裤长靴，杨玉

章怀太子墓出土壁画马球图（局部）

环如此装扮，让见惯了高髻长裙的唐玄宗耳目一新。可见，长裤马靴能在唐代风行一时，一个最重要的原因就是它很好地将服装的实用功能和审美功能融合在一处。

杨贵妃算得上是唐代的时尚达人，以致后世往往将诸多新奇的服饰与之攀附，穿凿附会。元人笔记《致虚阁杂俎》云："太真着鸳鸯并头莲锦袴袜，上戏曰：'贵妃袴袜上乃真鸳鸯莲花也。'太真问：'何得有此称？'上笑曰：'不然，其间安得有此白藕乎？'贵妃由是名袴袜为藕覆。"其注云："袴袜今俗称膝袴。"此处提到的膝袴，也称膝裤，是宋代一种复古的裤装样式。两宋风气保守，如此的氛围，也孕育不了唐代那些意气风发的女子，端庄稳重的闺秀成为社会推崇的理想女性，种种奇装异服都在不动声色间退出女性的衣箱，反倒是一些古老的着装，回归、重现闺阁之中。

就女裤而言，最古老的胫衣，摇身一变，化作膝裤，掀起了新的流行时尚。先秦时候的胫衣是贴腿而穿，宋代的膝裤则外穿在长裤上，元人笔记里，文人的想象中，贵妃的玉腿裹着莲花鸳鸯膝裤，宛如白藕，这种服饰妆扮却是上古风尚，不太符合宋代以来膝裤的穿法。从现存的文献记载来看，宋代男女都可穿膝裤。如《朱子语类》卷一三一中记述，"秦太师（桧）死，高宗告杨郡王云：'朕今日始免得这膝裤中带匕首'"。又如宋代《杂剧人物图》中，绘有女艺人穿着蓝格子膝袴，上接长裤，下到脚踝。膝裤在

宋代《杂剧人物图》中
身着蓝膝裤的女艺人

当时，大抵是如此穿法。膝裤在宋代的流行，还有一个原因就是：两宋时期，女子缠足之风，从社会上层渐渐向中下层浸润。女性以纤足为美，对足部修饰日益重视，绣绘花纹的膝裤，裹在小腿上，无形中可以起到将观者视线向下拉的作用。

缠足风尚，自宋至清末民初，历时近千余年。受缠足影响，膝裤逐渐成为女性的必备服饰。明代女子穿着膝裤也非常普遍，明人何孟春所著《余冬序录》中记述，"男子跪用护膝，冬寒亦用护膝，驿马远行用护臁，若膝袴，缚膝下袴脚上，今日妇女下体之饰"。

明《鸳鸯秘谱》中着膝裤的女子

从中看来，男子穿膝裤主要是为了保护膝盖，防寒保暖，而女性穿着膝裤则有着更多的审美考虑。明胡应麟《少室山房笔丛·丹铅新录八·双行缠》中曾记载，"自昔人以罗袜咏女子，六代相承，唐诗尤众，至杨妃马嵬所遗，足征唐世妇人皆着袜无疑也。然今妇人缠足，其上亦有半袜罩之，谓之膝裤。恐古罗袜或此类"。明代膝裤，也称"半袜"，多用锦缎制作，套在膝上，和今天的长筒丝袜比较接近，女性穿着下裙时，绣有花纹的膝裤从裙里透露出来，备显妩媚，如明代画册《鸳鸯秘谱》中所示。

对于膝裤的描述，也多见于明代的文学作品中，《金瓶梅》里就有不少细节涉及膝裤，如潘金莲和西门庆初次相见时，西门庆眼中的潘金莲如此打扮：

　　头上戴着黑油油头发䯼髻，一迳里堆出香云，周围小䯼儿齐插。斜戴一朵并头花，排草梳儿后押。难描画，柳叶眉衬着两朵桃花。玲珑坠儿最堪夸，露来酥玉胸无价。毛青布大袖衫儿，又短衬湘裙碾绢纱。通花汗巾儿袖口儿边搭刺，香袋儿身边低挂。抹胸儿重重纽扣香喉下。往下看尖翘翘金莲小脚，云头巧缉山鸦。鞋儿白绫高底，步香尘偏衬登踏。红纱膝裤扣莺花，行坐处风吹裙袴。口儿里常喷出异香兰麝，樱桃口笑脸生花。人见了魂飞魄丧，卖弄杀俏冤家。

"红纱膝裤扣莺花，行坐处风吹裙袴"，潘金莲生性风流妩媚，在打扮上更是极尽时尚之能事。她穿着宽松的下裙，行坐之际，裙摆拂动，露出红色的绣花膝裤，尽显诱惑，此时此刻的场景，类似今天的摩登女子，短裙之下露出裹以丝袜的长腿，万种风情，不一而足，故而西门庆一见之下，神魂颠倒，再也无法忘怀，引出后来事端。

《金瓶梅》里，写的都是明代市坊中的时尚女子，喜爱穿膝裤者大有人在。又如第二十三回里，宋蕙莲"衣服底下穿着红绉绸裤儿，线捺护膝"，这护膝也是膝裤的一种别称了；第六十二回，李瓶儿故去，西门庆想到生前恩爱，心中凄惨，找出她最喜欢的衣服来装殓，其中就有"一件衬身紫绫小袄儿、一件白绸子裙、一件大红小衣儿并白绫女袜儿、妆花膝裤腿儿"；再如第六十八回，郑爱月儿出场，"上着烟里火回纹锦对衿袄儿、鹅黄杭绢点翠缕金裙、妆花膝裤、大红凤嘴鞋儿"。诸如此类，都不难发现膝裤在明代的流行。正因为膝裤广受女性喜爱，故当时男子，为讨得情人欢心，也往往以膝裤相赠，如《金瓶梅》第二十五回里，来旺从外地回来后，"悄悄送了孙雪娥两方绫汗巾，两只装花膝裤"。来旺是仆人，孙雪娥是西门庆的小妾，这两人之间原本存在着一定身份地位的差别。但孙雪娥性格尖酸，口角刻薄，西门庆挺讨厌她，她在西门家也几乎没有享受到过"主子"应有的待遇和尊荣，寂寞之下，就与来旺有了私情。她接受来旺赠送的膝裤，也等于默认了并愿意继续与他保持情人关系；又如第七十四回里，西门庆与奶妈如意儿通奸后，如意儿向他讨点衣裳，西门庆将"一套翠盖缎子袄儿、黄绵绸裙子，又是一件蓝绉绸绵裤儿，又是一双妆花膝裤腿儿，与了他"。可笑西门庆自命不凡，但与他有私情的女人，多数是冲着他的钱财而来，像这如意儿，在和他温存之后，立刻就毫不掩饰地提出物质要求，他也视为理所当然，说明他们之间并无真正的感情，有的只是赤裸裸地对色情和金钱的欲望，滚滚红尘中的男女关系，大抵也脱不了这"财""色"二字。再如第八十六回里，春梅被赶出西门家，陈经济前来看望，送给她"两方销金汗巾，两双膝裤"，只因为两人早在西门宅院里就已经结下私情。

从上述文字中亦能看到，膝裤，往往是情人之间的馈赠，有着类似信物的作用。大约在明代末年，膝裤的形制越发短小，上施于胫，下及于履。清代叶梦得《阅世编·卷八》中记述，"膝袜，旧施于膝下，下垂没履。长幅与男袜等，或彩镶，或绣画，或纯素，甚而或装金珠翡翠，饰虽不一，而体制则同也。崇祯十年以后，制尚短小，仅施于胫上，而下及于履。冬月，膝下或别以绵幅裹之，或长其裤以及之。考其改制之始，原为下施可以掩足，丰跌者可以藏拙也。今概用之纤履弓鞋之上，何哉？绣画洒线与昔同，而轻浅雅淡，今为过之。"从"下垂没履"到"下及于履"，这和明清以来愈演愈烈的缠足风气有很大的关系。

原本膝裤可以垂到脚底，稍微遮掩一下大脚，但后来女子竞相以纤足弓鞋为尚，不缠足者鲜矣，这也使得膝裤渐渐上移，到脚踝即止，是以清代女子的膝裤，往往要配合纤足弓鞋，方成一体。清代世情小说《醒世姻缘传》第三十七回里写到男主人公狄希陈初会情人孙兰姬，"（兰姬）手里挽着头发，头上勒着绊头带子，身上穿着一件小生纱大襟褂子，底下又着一条月白秋罗裤，白花膝裤，高底小小红鞋"，白色的膝裤，配着高底的小小红鞋，颜色对比分明，应该是时尚妆束。两人相见时，狄希陈还只是龆齿少年，孙兰姬也不过是初长成的少女，她的风情妩媚、活泼开朗，就这样生动地映在了情窦初开的少年心上。他为之舍下学业，三天两头地厮守在一起，甚至惊动了百里之外的老父母，亲自来到省城管教儿子。这样的情感一生中大概仅此一次，怎奈两人门第不当，狄希陈是读书子弟，孙兰姬偏偏出身娼家，虽然彼此钟情，却断然没有结合的可能，他只能娶了薛素姐，身不由己地朝着那命中注定的恶姻缘走去，她也只能作别了他，转身嫁给年纪老迈的丈夫。一别数年，两人再次相遇，只是相对如梦寐，连说话的机会都没有，有情人却只能擦肩而过，在不幸的婚姻生活里空怀惆怅，除了用前世注定来自我开脱，别无他法。姻缘是命中带来，好也罢，恶也罢，都只能无奈接受，从"醒世姻缘"这几个字来看，其作者大概也曾有过苦苦挣扎于恶姻缘中的心悸，遣之不得，只好抒发以文字，聊以自慰、解脱了。

据学界考证，《醒世姻缘传》的作者是蒲松龄，蒲先生家有悍妻，难得安宁，百般愁苦之下，发愤著书，故而才有《醒世姻缘传》和《聊斋志异》问世。姑且不论这一学术考据是否真实，《醒世姻缘传》的确写出了尘世间男男女女在不如意婚姻中挣扎的苦楚。大概无论在什么样的社会里，无论是平民还是贵族，婚姻的不如意都是每个人心头的梦魇。差不多与《醒世姻缘传》同时传世的《红楼梦》，又何尝不是在诉说着个人与社会，自由与束缚的痛苦呢？"空对着山中高士晶莹雪，终不忘世外仙姝寂寞林"，宝玉娶到了美丽贤淑的宝钗，尚且觉得不快乐，遑论《红楼梦》中的其他人了。比如处在呆霸王薛蟠和金桂淫威之下的香菱，其境况更是难堪。小小年纪就被拐卖，好不容易遇上真心喜欢她的冯渊，愿意明媒正娶，偏偏又被薛蟠给搅散。薛蟠向来喜新厌旧，她名义上是薛蟠的侍妾，实际却不过是粗使丫头。香菱生有慧根，跟着宝钗黛玉学诗，短短几日便能出口成章，这样才貌双全的女子，偏偏落入那般尴尬境地之中，在旁人看来，自是惹动一片怜爱之心。《红楼梦》第六十二回里记述，香菱和一班小姐妹们戏耍，不小心弄脏了石榴裙，那滴滴汁汁的绿水洒在鲜红的石榴裙上，很是难看，香菱顿时没了主意，"这是前儿琴姑娘带了来的，姑娘做了一条，我做了一条，今儿才上身"。香菱是个乖巧的女孩子，赢得了薛姨妈和宝钗的喜欢，但她在薛家活得小心翼翼，弄脏一条新裙子，立刻就担心家私巨万的薛家人不高兴。她的为难被宝玉看在眼里，顿时激发了怡红公子的护花天性，说道："你快休动，只站着方好，不然连小衣儿膝裤鞋面都要拖脏。"此处，宝玉将"小衣儿""膝裤"和"鞋面"三者并提，可见膝裤和鞋子搭配，是当时非常普遍的穿着。盖因缠足流行后，为掩饰不美之足和鞋面等有欠美观之处，膝裤的下端，又以盖住鞋面为宜。故而膝裤与鞋面，二者两两相随，互为掩映，实则如一枚硬币的正反面，折射出来的是缠足风尚的盛行。

八

素袜：玉步透迤动罗袜

世人何苦记冤仇，得好休时便好休。

惟有感恩忘不得，莫将轻付水流东。

《软邮筒》

　　这是一首收场诗，出自清代传奇《软邮筒》。和大多数明清传奇一样，《软邮筒》以一件小道具，串起了一个爱情故事：卢龙节度使张直方纵马驱鹰正在追猎一只玉面老狐，冷不防绊了一跤，惊恐坠马，危急之际，英俊书生杜朗生挺身相救。为了报恩，张直方聘杜为幕僚，留置府中，并从其所请，将捕获的玉面老狐放生。未曾想，杜生与张府歌姬王青霞一见钟情，以诗歌唱和为由，暗通款曲，王青霞甚至将火辣辣的情诗缝在袜中，题上"软邮筒"三字，大大方方地送给杜朗生。故事发展到此，又渐渐落了俗套，恋情很快被节度使发现，在那样的男权社会里，张直方不能容忍自己的爱姬红杏出墙，他杀机已动，必欲置二人于死地。危难时刻，张夫人动了恻隐之心，玉面老狐（狐仙令狐中）也赶来相救，这对情人才得以逃出险境。在狐仙的帮助下，杜朗生官运亨通，成了张直方的上司，张不得不负荆请罪，也算是相逢一笑泯恩仇，最后成就了一个大团圆的完美结局。

明清传奇中，喜好用新奇的关目来连缀故事，推动情节发展。这个故事里，也正是通过"软邮筒"——袜的信息传递，将整部传奇点染得跌宕起伏，精彩纷呈。

袜最初的功用只是取暖，在漫长的历史发展过程中，它被赋予了更多文化内涵。《软邮筒》里，青年男女相爱而无法相守，痴情女子只能将自己的柔情蜜意，缝在绵软轻柔的袜中，让爱人感受到来自伊人的温暖。中国文化是一种高语境文化，男女之间，鲜有用语言大胆表白者，往往是通过媒介来委婉表达心曲，为心上人缝制鞋袜，就是含蓄的中国女性传情达意的最佳方式之一。王青霞的"软邮筒"，成功地将情诗送到了情郎手中，而更多的闺中少女们，则往往是害羞又激动地将手缝的棉袜塞给心上人后，扭头就跑，一颗颗火热的心在密密麻麻的针线中跳跃，正所谓"此时无声胜有声"，语言或文字，在此情此景中反而显得苍白无力。

一

袜，在中国古代服饰体系中，是非常重要的元素。它有多种写法，如韈、韤、襪、靺、鞨、袜、絑等，从文字偏旁的变化，今人能大致推知制袜材料的变化。"韦"和"革"都是指加工后的兽皮，俗称皮子，二者之间的区分是："韦"指熟皮，"革"为生皮。远古时代，生产力极为低下，先民的谋生手段以农耕和狩猎为主，动物的皮毛和鲜肉，在相当长的时间里，都是重要的生活资源。当时，纺织技术还没有被人类掌握，如何抵御严寒的冬天？他们把眼光投向了兽皮，一张张还带着动物体温的皮毛被剥下，经简单处理，就制成了最实用的裘皮外套。躯干有了防护后，光赤赤的脚板依然踩在皑皑白雪中，那刺骨的寒意直从脚底贯入全身。如何解决脚部保暖呢？答案依然是兽皮。"妇人不织，禽兽之皮足衣也"，先秦时的大学问家韩非，在其所著《五蠹》中描述了远古一景：在冰天雪地里奔走的古人，匆匆在脚上包裹兽皮后，马上又忙着去渔猎，脚下的兽皮，他们称之为"足衣"。这的确是非常形象的说法，给脚也小心翼翼地罩上衣服，以避风寒和荆棘沙砾——华夏族的先人们就这般无所畏惧地行走在神州的旷野山川上。

"鞋"与"袜"的分野，大约出现在商周之际。韩非子《五蠹》记述"文王伐崇，至凤黄墟，袜系解，因自结"。崇侯曾在商纣王面前进谗言，毁坏周文王的声誉，文王自是愤愤，率领大军前去讨伐。军队行进到凤黄山，文王的袜带松开了，依照古礼，君王的袜带应该由专人负责，文王为鼓舞士气，自己弯腰系带，三军为之感奋，士气大振，一举歼敌。从这个故事可以看到，"袜"已经作为一种特别的"足衣"，与鞋有了明显的区分。

春秋战国时期，各诸侯国非常注重社交礼仪，贵族尤其讲究服饰着装。穿衣戴帽，脱鞋除袜，井井有条，丝丝不乱。偶有差错，甚至会给个人乃至国家带来灾难。《左传》里就曾记述过这么一个故事，"卫侯……与诸大夫饮酒焉，褚师声子韤而登席。公怒，（褚师）辞曰：'臣有疾异于人，若见之，君将殼（注：huò，呕吐）之，是以不敢。'"（《左传·哀公二十五年》）按照礼节规定，臣见君，必须解袜后登席，褚师穿着袜子上席，卫侯以为是对自己的大不敬，所以"怒"。这里透露了两点信息：一、当时的袜子是有带子的，穿时系上，脱下时解开；二、袜子虽小，相关的规矩却错乱不得。这就是传统的周礼：人与物，都定格在某个具体位置，不容僭越。

二

从《左传》的记载来看，当时的袜子，依旧用兽皮制作。究竟是从何时开始，袜子由"韤"变成了"襪"呢？这个变化，大致是在秦汉时期完成的。

据现有资料，袜的实物形状，最早见于1972年长沙马王堆汉墓出土的素绢女袜。这双绛紫色的绢袜，由双层绢制成，勒后开口并附有两根细带。古人这样解释"绢"："生白缯，似缣而疏者也。"（颜师古注《急就篇》卷二），它是一种用生丝织成的平纹织物，质地挺、爽，多作字画、装潢等用（《辞海》）。能用绢织袜，说明当时社会的生产能力已经发展到一定程度，也从侧面印证了绢袜主人身份的高贵。这双绢袜的主人，是西汉初年的轪侯夫人辛追。据考证，她逝世于西汉初期（公元前186年）。由于秦末战争的巨大毁坏力，民生凋敝，连汉高祖刘邦出行，都找不到四匹纯色的马来拉车。汉初推行休养生息，养蓄民力的经济

长沙马王堆汉墓出土的素绢女袜

政策，社会生产力渐渐恢复。惠帝吕后时期，经济进一步繁荣，贵族的服饰着装也逐渐由俭转奢。辛追夫人的墓中，和绢袜同时出土的，还有多件丝衣以及一双丝履，都制作精工，轻盈称手。一般来说，古代贵族的墓葬品中，多为墓主生前珍爱的生活用品。据此可以推断，辛追生前生活富足，追求享受；并且，汉初的纺织业已十分发达，既能提供富余的丝绸制作"足衣"，还能织造出今天都难以复制的精美衣饰。

历史的发展已经多次证明，只有当社会物质财富的积累达到相当程度后，人们才会有余暇来关注精神层面的建构，反映在服饰上，亦是如此。西汉中期，社会经济复苏，使得女袜也渐渐摆脱了暖足的单一功能，开始向审美的方向发展。辛追夫人的绢袜，袜面光滑柔软，色泽鲜亮，具有很高的审美价值。

西汉中后期，汉武帝罢黜百家，独尊儒术，礼教思想渐渐浸润社会人心，服饰亦随之发生相应的变化。具体而言，就是服饰中包蕴的社会文化内涵日渐明显，这种变化，在小小一双细袜上，也有所体现。1959年，新疆民丰县东汉墓出土了"延年益寿大宜子孙"男袜和菱格阳字纹锦女袜。男袜为长筒形，用各色彩线织成鸟兽图纹和"延年益寿大宜子孙"八字。据考古学家研究，编织这种图案需要很高的工艺技巧，是当时制作最复杂的一种织物。（参阅夏鼐《新疆新发现的古代丝织品——绮、锦和刺绣》，《考古学报》1963年1期。）女袜也为长筒状，足指收口处上宽下窄，呈圆弧形，并用绛紫、白、红、灰等色织成菱形花纹和"阳"字铭文。（见《中国服饰》，第193页。）

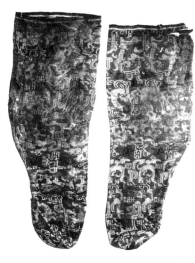

新疆民丰县东汉墓出土
"延年益寿大宜子孙"男袜

新疆民丰县东汉墓出土
菱格阳字纹锦女袜

从图中还可以看到，东汉的男、女锦袜，在款式、颜色上，差别都不是特别明显。值得玩味的是，"阳"字铭文，应该寄托了当时人对阳刚的赞誉和向往，为何镌有"阳"字形状的锦袜却偏偏和女性联系在一起呢？这或许还要回到汉代的文化土壤中去寻找答案。董仲舒是西汉哲学家、今文经学大师，曾向朝廷建议"罢黜百家，独尊儒术"，为汉武帝所采纳，开两千余年封建社会以儒学为正统的先声。他在儒家宗法思想的基础上杂以阴阳五行说，建立了以"天人感应"为中心的神学唯心主义体系，还提出"三纲五常"的封建伦理和"性三品"的人性论。在董仲舒看来，阳为德，阴为刑，阴阳要平衡，德、刑要并用，这种"平衡"的观念，也贯注在儒家伦理文化中。对于女性，一方面儒家礼教制定了种种规范，不容逾越；另一方面，又大张"妇德"的旗帜，希冀能够在女性的内心深处，植下柔弱顺从的观念。刘向的《烈女传》、班昭的《女诫》等，正是后一种意图的具体体现，即通过树立完美的典范女性，号召天下淑女"之死矢靡它"。女性要柔弱、要顺从，还要具备相当的坚强和韧劲，因为那是女性捍卫自身贞节、修缮完美妇德的必备品质。从这个意义上，或许可以解释民丰汉墓女袜上的那个"阳"字，所谓阴阳互补，外柔内刚，那大概就是儒家所推崇的理想女性品格。

三

汉末，天下大乱，礼教日益式微，服饰中包涵的说教意味渐渐减弱，实用的功能得以突出，其人文关怀之情也日益明显。

如《后汉书·蔡文姬传》中记述曹操对蔡文姬的怜恤，"时且寒，赐以头巾履袜"。西汉末年，董卓乱西京，一代才女蔡文姬流落塞外，曹操爱才心切，以重金赎回，并将她另嫁良人。他对这个在战乱中饱受颠沛流离之苦的女子异常同情，关怀体贴细致入微，连其日常服饰这等细微之节都考虑周到，一一代为置办。中国传统社会里，男女被严格隔离开来，一代枭雄曹操何以将古礼抛诸脑后，对蔡文姬表示出特别的关爱呢？原来，曹操与文姬父亲蔡邕曾结为忘年交，作为"建安七子"的领袖，曹操雅好文学，而与之同代、年长22岁的蔡邕也是东汉晚期著名的文学家、诗人。两人惺惺惜惺惺，素与相亲。后蔡邕受到董卓牵连被杀，曹操闻听老友噩耗，为之怅然不已。蔡邕生前，曾致力于编写《续汉书》，他亡故后，后继者乏人。曹操知道文姬素有才名，得知她流落塞外，特意令手下将她重金赎回，一方面是为报答老友生前知遇之恩；另一方面，也是希望文姬能继承父志，继续完成《续汉书》的编写。曹操求贤若渴、爱惜人才的襟怀于此也可见一斑了。

这似乎只是一个开始。自东汉末年，至隋文帝统一海宇，四百年间，政权的更迭如同一台台应接不暇的戏曲，"你方唱罢我登场"，朋友、敌人的分际变得那样模糊，生与死的隔离是那般容易穿越，生命中除了迷惘还是迷惘，对政治充满了敬畏的文人，开始将目光投向宁静的生活和身侧的女性。那贴近芳泽的"罗袜"，当然也更为他们所瞩目了。罗袜，顾名思义，是指用纱罗织成的袜子，质地柔软，轻薄透气，多用于春夏季节，汉代以来一直比较流行。东汉张衡曾在《南都赋》中，不无夸张地写到"修袖缭绕而满庭，罗袜蹀躞而容与"，写出了美人脚着罗袜，轻盈踏步的情态。"蹀躞"二字，不可谓不美，但真正写出了罗袜之美的大诗人，还要首推曹植。

魏文帝黄初三年（公元 222 年），备受猜忌，郁郁寡欢的曹植从京城返回封邑——鄄城。行至洛水，太阳已经西斜，马乏车殆，于是驻足岸边，极目四望，忽然精神恍惚，思绪分散，俯身低首并没有觉察什么；蓦地抬头，映入眼帘的却是一幅奇异景象：河岩之畔浮现出传闻中的洛神宓妃。她体态轻盈，"翩若惊鸿，婉

若游龙"；容光焕发如春花秋菊，身形飘忽，若隐若现；远望像
朝霞中初升的太阳，近观如出水芙蓉；秾纤修短恰到好处，肩膀
圆润、腰肢柔美，洁白的长颈露出衣领，不施脂粉、丽质天成，
云髻高耸、修眉弯曲，唇红齿白、美目顾盼……诗人悦其淑美，
心神振荡，不能自已。因无良媒通接鹊桥，只能凭借微波表达真
情，遂解下腰间玉佩相邀，约期再会于洛神居所。突然间，沉醉
在诗情画意中的诗人脑际掠过一丝疑虑，这难道和郑交甫遇汉水
游女如出一辙，同是黄粱一梦？正在诗人自艾自怨之际，人神道
殊的宓妃迅速消失在洛水深处，他眼望佳人芳踪缥缈，"休迅飞
凫，飘忽若神；凌波微步，罗袜生尘"，心中充满了无限惆怅和
伤感，挥笔写下了千古传颂的《洛神赋》。关于《洛神赋》中的"洛
神"这一美女形象，历来众说纷纭，但曹植笔下描摹刻绘的，是
他心目中的理想女性，代表了那个时代贵族眼中典型的"女性美"，
则是毋庸置疑的。"凌波微步，罗袜生尘"，写出了美人的轻盈飘
逸，更妙的是，她那穿着罗袜的纤足轻踩水面，泛起层层涟漪细纹，
远看去仿佛一抹轻尘在空中浮动。美人还在等待，还在徘徊，她
的身姿体态，诉说着良会永绝的伤感，想离去而又不忍心的缠绵。
哀而不伤，怨而不怒，一个痴情而又自尊的女性形象呼之欲出。

　　曹植《洛神赋》，刻画女性细致入微，后世书画名家也多有
用作题材者，著名者如东晋顾恺之《洛神赋图》，全卷层次分明
地展现了这个完整的爱情故事，洛神始终保持着一种飘逸超脱的

东晋顾恺之《洛神赋图》局部

姿态，点出了神人之隔的距离，也生动地刻画了"罗袜生尘"的
仙姿逸态。

　　为美而倾倒的，并不只有曹植和顾恺之。南北朝对峙时期，
偏安江南一隅的诗人们在醇酒美人上做足了文章，"罗袜"屡屡
见诸他们的笔下，如"莫轻小妇狎春风，罗袜也得步河宫"（江总《姬
人怨服教篇》），"芳香若可赠，为君步罗袜"（江爰《渌水曲》）等。
南朝文人喜欢以女性的口吻，来叙述男女之情的亲昵，大胆言情，
本不是一件坏事，但文人们毕竟不是女性，很难了解女性心理的
复杂多变。这种代"她"立言的手法，分寸把握不当，则容易流
于轻佻浮荡，南朝宫体诗虽然数量庞大，描摹刻画女性也可谓细

致入微，却始终没有在中国文学史上赢得一席之地，无他，太过太滥而已。南朝宫体诗的"风流"，被初唐诗人们继承了一部分，大名鼎鼎的上官仪，也曾挥笔写下"翠钗照耀衔云发，玉步逶迤动罗袜"（《和太尉戏赠高阳公》）这般香艳的诗句。上官仪性情耿直，曾参与唐高宗废武后事，因走漏风声而殒命。这样的风云人物，也曾在女性之袜上那般用心，用词极尽香艳考究，以观"物"之眼来观照女性，每一个细节上都追求精巧和细致，正是南朝风气的流绪。

李唐王朝是一个开放的王朝，用今天的话来说，那是一个文化多样，兼容并包的朝代，即便是小小一双女袜，也能从上到朝堂，下至民间的话语体系中，品出不同的意味来。大唐的礼仪制度中，对女袜曾有过较为严格的规定，如"花钗礼衣者，亲王纳妃所给之服也。大袖连裳者，六品以下妻，九品以上女嫁之服也。青质，素纱中单，蔽膝，大带，革带，袜，履同裳色"（《新唐书》），官宦之家的女性，着装要严谨，袜子、鞋子，颜色都要和衣裳保持一致。客观来看，这样着衣，上下色彩协调一致，虽然不免单调，但往往会使女性整体形象显得端庄稳重，也能给人赏心悦目的美感。贵族女性的着装固然受到朝廷限制，然而，大唐毕竟是中国历史上最为开放的朝代，热烈奔放的唐代女性，特别是民间女子并不十分在意那些着装的繁文缛节。有诗为证"长干吴儿女，眉目艳星月。屐上足如霜，不着鸦头袜"（李白《越女词》），素有"诗仙"之称的李白，生性不羁，喜好周游，他行走吴越，为当地少女的美丽所吸引，惊艳不已。江南水乡，气候湿润，雨水充沛，自汉魏以来，民间流行木屐，以便行走，迄至唐代而风气不变，李白所见到的，正是穿着木屐的江南少女。

纤足如霜，踩在木屐上未免过于醒目，于是，鸦头袜应运而生。鸦头袜，也作"丫头袜"，又名分趾袜，大脚趾与其余脚趾分开，状如丫形，以夹住屐头小绳。这种分趾袜在唐代非常流行，宋元时期也常见于江南，如宋代姜夔《鹧鸪天·己酉之秋苕溪记所见》"笼鞋浅出鸦头袜，知是凌波缥缈身"，金代元好问《续小娘歌·之五》"风沙昨日又今朝，踏碎鸦头路更遥"，元代杨维桢《翡翠巢》"屏开时露鸦头袜，弦断应衔凤嘴胶"等，都从侧面印证了鸦头袜的流行。

唐代的风情，不仅见之于略带几分活泼、可爱的鸦头袜，更多时候，透过文人的生花妙笔，比如张鷟笔下的"绿袜"，李白诗中的"罗袜"，洪昇传奇里的"锦袜"等，我们还能窥见、领略包含在唐代女袜中的丰富文化意蕴。

张鷟，唐高宗时人，文才在国内并不出众，声名却远播海外，倾倒韩国、日本的无数拥趸。《唐书·张鷟传》曾载，"新罗、日本使至，必出金宝购其文"。他著有幻想小说《游仙窟》，以第一人称的口吻，记述了一段艳遇。文中，他化身为浪迹天涯的荡子，途遇五嫂、十娘两位美女，他与十娘目挑心许，互相悦纳，成就一段风流佳话。其文写男女调情，笔墨飘逸生动，甚是精彩。《游仙窟》传入日本后，大受欢迎，直接影响了一代日本文学，后又从日本传回中土，也算是"墙内开花墙外香"，充当了那个时代的"文化使者"。《游仙窟》中，作者集中大量笔墨，铺张描绘了十娘的色艺风情，对她脚上之袜，更是诸多渲染，如"红衫窄裹小撷臂，绿袜帖乱细缠腰""解罗裙，脱红衫，去绿袜"等。在色彩中，红色与绿色是最难搭配的，十娘着衣，不避这两种颜色的冲突，大胆以绿袜来配红衣，足见姿容超群出众。美人本身就是一件绝美的艺术品，天然无瑕，红与绿，若穿在无盐、东施的身上，自会惨不忍睹，而辉映王嫱、西施的雪肤花貌，却又别有一番风情。绿袜纤足，红衣飘舞，十娘随心所欲，完全不理会习俗对女性服饰衣着的限制，偏偏反其道而行之，可见性情洒落不羁。张鷟将红衣绿袜赐于他心中的神女，也透露了他对理想爱人的追求和向往，看来，在这位才子的心目中，热情奔放的女子才是上上之选。

在唐代，罗袜还和宫闱相关。李白作《玉阶怨》，写深宫怨女的忧伤，"玉阶生白露，夜久侵罗袜。却下水晶帘，玲珑望秋月"。在君权神授的社会里，帝王的后宫麇集着成千上万的宫女。她们长年幽闭深宫，寂寞孤苦，度日如年。李白在这首诗中，用委婉的笔触反映了她们的不幸，寄予了深切的同情。诗的首联写一位青春年少的宫女良久伫立阶前，夜色沉沉，露水深重，透过石阶浸湿了她的罗袜。遍体冰凉，使她蓦然惊醒，一个"侵"字，把宫女凝神聚思，如入梦境的神态写尽。漫漫长夜，她在凝想什么呢？是远方的父母、亲人？还是青梅竹马的伙伴或是嬉闹快乐的童年？……当她感觉寒气袭人，返回室内，放下水晶帘时，室内同样的凄冷，再仰望帘外的秋月，洒下的还是一片清辉。在这寂静栗冽的秋夜，她相伴孤月，彻夜难眠。李白的《玉阶怨》通篇不着"怨字"，却字字血泪，抒发了宫女无限忧伤、苦闷无望的怨情。

后宫争斗历来残酷，不得宠者固然是满腔怨尤，而那些集三千宠爱于一身的幸运儿，到头来也依然逃不过一个"怨"字。唐明皇李隆基爱上了自己的儿媳杨玉环，甘愿冒着父子"聚麀"的千古骂名，硬是将她从儿子身边夺来，封为贵妃。他老了，意气风发、励精图治的勤政生涯已经离他很遥远，人生暮年能够拥有贵妃这朵"解语花"，自是满足。陷入情网中的老皇帝和任何

李育《出浴图》（北京故宫博物院藏）

一个娶得娇妻的普通男子没有半点差别，他恨不得把天下的富贵都塞进杨家人的口袋，只是为了杨妃的开心。一时之间，杨家人出入朝野，气焰熏天，"生男勿喜女勿忧，生女亦能壮门楣"，道尽当时人的艳羡。

中国文化里，最强调的一点是"中庸"，过犹不及，盈满则亏，过于放纵的情感，过于显赫的权势，预示着物极必反。唐明皇对杨妃过于宠爱，对杨家人过分纵容，引起了朝野上下的不满。民心渐变，安禄山趁机兴兵作乱，烽火从渔阳烧到长安，四十余年的太平天子面对危局束手无策，只有仓皇出逃。李隆基没想到，安如磐石的大唐王朝已经黄埃散漫，风雨飘摇。在扈从士兵发动兵谏的生死关头，他只能赐死贵妃，"翠华摇摇行复止，西出都门百余里。六军不发无奈何，宛转蛾眉马前死"（白居易《长恨歌》），马嵬坡下，一代红颜香消玉殒，表明气势恢宏的大唐盛世由盛转衰，行将终结；也预示着唐玄宗晚景凄凉，将在悔恨、孤独中度过余下的岁月。而从安史之乱中走出的诗人们，则开始重新审视、评判天宝遗事。

刘禹锡曾经凭吊杨贵妃"不见岩畔人，空见凌波袜。邮童爱蹟迹，私手解系结。传看千万眼，缕绝香不歇"（《马嵬行》）。古袜多用布帛做成，没有弹力，需要用带子系结，相传杨妃被缢杀时，痛苦万分，双足乱蹬，遗下锦袜一双，为当地人所得，刘禹锡诗中即有感于此。这件事或许并非完全出自杜撰，李肇的《国史补注》

中也曾提到，说杨妃缢死在马嵬坡的梨树下，遗下锦袜被老媪所得。老媪颇有经济头脑，深谙商业运作之道，居然灵机一动，在马嵬坡下招揽生意，只要顾客不惜口袋中的金钱，就能一睹杨妃锦袜的"真容"。此讯一出，文人墨客纷至沓来，老媪也由此发了一笔小财。清代著名的戏曲家洪昇曾以李杨爱情为题材创作了《长生殿》，其中有《看袜》一出，将此本事，铺衍为一场热闹的戏剧，依次出场的人物有靠锦袜发财的老媪、落魄逃难的原宫廷艺术家李谟、忠于朝廷的草野老汉郭从谨，还有看破红尘的女贞观主，此四人赏袜后的唱词，颇耐人寻味：

（老媪）【中吕过曲·驻马听】宝护深深，什袭收藏直至今。要使他香痕不减，粉泽常留，尘浣无侵。果然堪爱又堪钦。行人欲见争投饮。客官，只要不惜赀金，愿与君把玩端详审。

（李谟）【驻云飞】你有薄衬香缩，似一朵仙云轻又软。昔在黄金殿，小步无人见。怜今日酒垆边，等闲揭展。只见残迹针痕，都勚就伤心怨。可惜了绝代佳人绝代冤，空留得千古芳踪千古传。

（郭从谨）【驻云飞】想当日一捻新裁，紧贴红莲着地开。六幅湘裙盖，行动君先爱。唉，乐极悲非爱，万民遭害。今日里事去人亡，一物空留在。我慕睹香袜重痛哀，回想颠危还泪揩。

（女贞观主）【驻云飞】你有埔翠钩红，叶子花儿犹自工。

不见双跌莹，一只留孤凤。空流落，恨何穷。马嵬残梦，倾国倾城，幻影成何用。莫对残丝忆旧踪，须信繁华逐晓风。

老媪是"财"字当头，她对于国家兴亡，贵妃的遭际都没有太多兴趣，这是典型的市井小民心态；李谟曾为皇室效力，他对那份逝去的天宝年间繁华有着最真切的体会，能够感同身受杨妃的不幸；郭从谨是大唐王朝的忠实子民，曾于玄宗逃亡路上拦驾相谏，他怀念的是玄宗早年治下海晏河清的大好政局，将战事归罪于杨妃，锦袜只惹得他一腔怨怒；女道士又不同，她远遁尘世，骤然看到锦袜，难免感慨红颜易逝，人生无常。

男权文化喜好谈论红颜祸水的老调，让女人承担祸国殃民的罪名。但这绝非历史的本来面目，缢杀杨妃，不过是唐玄宗平息众怒，保全自己的无奈之策。杨玉环常居深宫，少预外事，在《旧唐书》《新唐书》中，难见她干政的记述，"安史之乱"的责任不在于杨妃，其过不当诛，罪不至死。真正的罪魁祸首是玄宗自己，由于李隆基纵情声色，荒废政事，"缓歌谩舞凝丝竹，君王尽日看不足"，才弄得"九重城阙烟尘生，千乘万骑西南行"。相传唐玄宗和杨贵妃曾经于七夕之夜在长生殿中发誓生死不离，只是在政治危机面前，那誓言显得微不足道。马嵬坡下，白绫绞紧的那刻，长生殿里的海誓山盟如泡沫般破灭，只余下一双锦袜，见证了她的痛苦和不甘。

五

安史之乱给李唐王朝带来了致命的打击，此后，藩镇并起，中央政权威信扫地，甚至政令难出宫门。朱温篡唐后，北方有后梁、后唐、后晋、后周次第登场，南方也是金戈铁马、十国并争，这些政权之间，为争夺地盘和势力，征战不休，兵戈四起。在这动乱的年代里，勤修武备，方是最好的安身立命之道，偏偏却有一位文弱国君，偃武修文，不重视整军备战，却雅好辞章墨宝，甚至于沉迷于脂粉堆里，在女人的鞋袜上大做文章，那就是南唐后主李煜。

李煜能诗善画，文采出众，后人评价他"作个才人真绝代，可怜薄命作君王"，的确是很有见地的评价。李煜当国之时，赵匡胤已经统一北方，建立了赵宋皇朝。李煜又何尝不知北宋的赵氏兄弟早已对富庶的江南虎视眈眈，只是他无力抵抗，只好得过且过，在后宫的温柔乡里寻求慰藉。明末清初的余怀考证，李煜喜欢纤足的女人，特意要求宫中的嫔妃裹足起舞，"后主有宫嫔窅娘，纤丽善舞，乃命作金莲，高六尺，饰以珍宝，绷带缨络；中作品色瑞莲，令窅娘以帛缠足，屈上作新月状，著素袜，行舞莲中，回旋有凌云之志"（余怀《妇人鞋袜考》）。这样看来，李煜可能是宫廷芭蕾舞的创始者，在他的鼓励之下，南唐后宫缠足风行，缠足后的女子，脚踝疼痛，举步维艰，而在他眼中，仿佛弱柳扶风，平添几分惹人怜爱的情态。"上有所好，下必甚焉"，缠足习气，始于南唐后宫；中经北宋上层社会女性效仿，渐次传入民间，影响元、明、清、民国四代；至中华人民共和国止，整个时间跨度近千年，一直风行不辍，成为根深蒂固的陋习，荼毒中国女性，从这点上说，始作俑者李煜实在难辞其咎。

宋代女子缠足主要是将脚缠得纤细笔直，可能比较注意脚趾的弯勾，这使女袜的形状也随之发生变化，故宋词中有云"几折湘裙烟缕细，一钩罗袜素蟾弯"（晏几道《浣溪沙》），从出土实物来看，也是如此。南宋以后，缠足渐渐向三寸金莲的方向发展，

江西德安南宋周氏墓出土女袜

女子脚部变形，除大脚趾外，其余四个脚趾下翻，脚掌消失，脚背升高，整只脚呈现为不规则三角形状，变得娇小尖翘。故元曲中有"倚仗他性儿谦，鲍儿甜，曲弓弓半弯罗袜纤""桃脸艳，柳腰纤，窄弓弓半弯罗袜尖"（无名氏《风月担》）之句，而余怀《板桥杂记》中也记述明末南京名妓如顾媚"弓弯纤小"。如此缠足，带来的直接变化就是女袜袜头变尖变窄，如出土的元代山东邹县李裕庵墓女袜和明代江苏泰州张氏墓

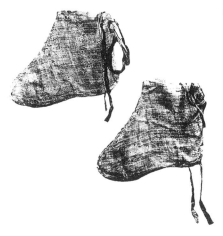

山东邹县元代李裕庵墓出土女袜

明代江苏泰州张氏墓女袜

女袜，莫不如此。缠足带来的最直接的危害，就是女性舞蹈和运动的萎缩，从此，赵飞燕的掌上舞，杨贵妃的霓裳羽衣舞，窅娘的莲中舞等，都成绝响。

其实，余怀《妇人鞋袜考》中考证到，裹足早在唐代就已初

露端倪，不过当时仅限于风月场中的个别女性，并未形成风气。作为君主，李煜不亲政事，不近正人，居然将风月场中的游戏引入后宫，足见其荒唐。这样的君王，注定了情感风流，轻佻不端，这种性格特质，在他与小周后的情爱纠葛中表露无遗：

她曾经是他的妻妹，风华绝代，与大周后并称姊妹花。趁着姐姐病重，李后主偷偷召妹妹进宫幽会。小周满心欢喜地来了，礼法也不管，姐妹之情也不顾，悄然溜进了宫殿。为避人耳目，她脱掉脚上的鞋履，在黑暗中亦步亦趋。这也算是煞费苦心吧，对缠绵于病榻的胞姐，她还有几分顾忌。可那个男人完全没有理会，他居然以此为题材，写了一首词：

花明月暗笼轻雾，今宵好向郎边去。刬袜步香阶，手提金缕鞋。画堂南畔见，一晌偎人颤。奴为出来难，教君恣意怜。（李煜《菩萨蛮》）

"刬袜步香阶，手提金缕鞋"，为了尽量不发出声响，她脱掉了金缕鞋，踩着袜子轻盈挪动。从这里能看出，她应该没有缠足，否则寸步难行，怎么可能还踩着袜子飞奔快走呢。世上没有不透风的墙，两人私会的消息很快传到可怜的大周后那里，不知道是生气还是已经病入膏肓，大周后不久后一病身亡。妹妹顺理成章地被册封为继后，称为小周后。

国王和王后从此"幸福"地生活在一起，但这短暂的快乐生活，很快被前线传来的噩耗击破。李煜性情柔弱，长于文艺，可若论到修缮武事，整顿边防，支撑起南部的半壁江山，却难以胜任。为此，李煜多年来一直向宋朝称臣纳贡，希望以卑躬屈膝换来苟且偷安，只是，"卧榻之侧，岂容他人酣睡"，在雄才伟略的帝王看来，普天之下，莫非王土，怎么能容忍江南还存在一个独立小王国呢！可叹李煜饱读诗书，满腹锦绣，却无半点治国安邦的实际才干，最后只能将大好河山拱手相送。宋兵攻占金陵城的那天，李煜写就降表，仓皇拜辞太庙，此时此刻，教坊居然还在演奏别离曲，大概也知道那马上就要沦为阶下囚的君王，恐怕是最后一次倾听江南曲调了。大周后——那个曾经被他欺骗和伤害的妻子，或许应该庆幸自己早早离世，避免了更大的侮辱。李煜和小周后被押送到宋都后，李煜遭到囚禁，小周后则多次被召进宋太宗的寝宫，亡国之君的女人是不配得到任何尊重的，这在当时的都城几乎是公开的秘密。宋人笔记中记述，"（小周后）随命妇入宫，每一入辄数日，而出必大泣，骂后主，声闻于外。后主多婉转避之"（宋·王铚《默记》）。没人能想到她每次被宣召进宫的心情，在屈辱和愤怒中，她恍惚地穿行在征服者的宫禁中，是否想起了当年划袜提鞋的那一幕？少女时飞蛾扑火的爱情是如此脆弱，到头来，那个懦弱的丈夫却断送了她的青春和幸福，给她带来永远挥之不去的伤害和痛苦。公元 978 年，李后主"卒"，终年 42 岁，相传是死于宋太宗的毒药，小周后很快也追随丈夫于地下，结束了备受屈辱的一生。

古代中国是一个男权至上的国度，男性垄断了女性的一切，甚至包括她们的话语。女性的语言和思想，几乎全部都是由男性来代言，只是，男性笔下的女性，是女性本体真实的存在，还是男性头脑中理想女性形象的幻化呢？永远都是男性在描写，在叙说，女性的身体、服饰乃至情感，都在强大的男性话语下一一呈现。以女性之"罗袜"而言，历代诗词歌赋中，都是男性在咏叹、在赞赏，它只是一个小小的道具，男性拾起它，轻松地建构了文本中的虚拟女性世界，描述着女性的娇媚、柔顺、矜持等等。倘若女性也挥舞柔翰，她们又会怎样来诠释自己的世界呢？且来品读这首小词：

> 蹴罢秋千，起来慵整纤纤手。露浓花瘦，薄汗轻衣
> 透。 见客入来，袜刬金钗溜。和羞走，倚门回首，却把
> 青梅嗅。（李清照《点绛唇》）

这是宋代大才女李清照早年的一首小词，风格可以用"清新可喜"来形容。它建构了一个天真单纯的少女的小世界：女孩子原本在花园里悠闲自在地玩耍，突然听闻外客来到，惊慌之下，鞋子都来不及穿，踩着袜子飞快逃走，连头上的金钗都掉了下来。可快到门口了，心里又有那么一点小小的不甘，静处深闺的女孩子多么渴望了解外面的世界。于是，她回过头来，想看个究竟，但又不好意思直视来客，只能摘了一枝青梅，装出一副"嗅"的样子，偷偷地把来人看遍。

此情此景，是中国古典文学的喜好叙述的母题之一——外客到访，小世界的隔离状态瞬间被打破，身处其中的女性慌乱中手足无措，这是男子乐于看到的，因为她们越是慌乱，就越能体现

姜埂《李清照小像》

矜持，越能表达纯真，而他们也能在对方的这种反应中得到快乐和满足。清代的文人笔记也曾描述过类似的场景：

> 又一年，余举弟子员，大人命余晋谒。庭遇秋芙，戴貂茸，立蜜梅花下。俄闻银钩一声，无复鸿影。（蒋坦《秋灯琐忆》）

这是男主角和未婚妻的一次相遇，女孩子惊鸿一现，迅速消失得无影无踪，他惆怅不已，却也坦然，那是淑女的正常反应，她理当如此。不然，何以表现她的娇羞矜持，又何以衬托出他的幸福？——他的幸福在于将娶到这个端庄纯洁的淑女。比较起来，还是李清照词中的那个女孩子更天然纯真，对于礼教，她是顺从的、合作的，可那临去时的回头一嗅出卖了她，那才是青春少女内心深处的真实情感。没有人能真正克制住对未知世界的好奇，可是，如果女性走出深闺，看到了外面的世界是如此的丰富多彩，她们还会回到冰冷狭窄的闺房中吗？答案是否定的。或许基于此种考虑，儒家礼教为女性设置了重重障碍，从精神到肉体，都不遗余力地戕害她们的活力和灵性，前者是妇德的说教，后者则是缠足的推行，就这样，小脚一双担负起道义的千钧重担，它赫然成为女性迈出闺阁的最大障碍。

宋代之后，缠足之风愈演愈烈，长长的裹脚布将纤足缠裹得密不透风，闺中遂流行小袜与袜套。清刘廷玑《在园杂志》卷三记述"自缠足之后……遂不用有底之袜，易以无底直之桶，名曰'褶衣'，亦曰'凌波小袜'，以罩其上。盖妇人多以布缠足，而上口未免参差不齐,故须以褶衣覆之"。徐珂《清稗类钞·服饰》云:"缠足妇女之加于行缠外者,曰袜套。盖以行缠有环绕之形,不雅观,故以袜套掩之也。"可见,由于已经有了裹脚布,女袜反而退居其次了。元明清三代,女性缠足已成定俗,文人孜孜乐道于金莲和绣鞋,女袜渐渐不被注目,它在女性服装体系中的位置,亦渐渐边缘化。如今,三寸金莲已成为了历史展览馆中一段不堪回首的往事,回过头来,翻检出那些曾经存在于中国古老文明中的"足衣"的史料,唯有感慨和唏嘘。我们曾经行走在世界文明的前列,却生生被一段裹脚布所绊倒,蹒跚地、笨拙地落在世界文明之后。女子之袜,不过是古老帝国服饰体系中的细碎末节,然而,风起于青萍之末,社会的转型变化往往在细枝末节中预言了未来历史的走向。从这个角度而言,梳理中国古代女袜的历史衍变,固然为往事悲,却更值得为后世鉴……

《闲情偶寄·鞋袜》

（清）李渔

　　男子所着之履，俗名为鞋，女子亦名为鞋。男子饰足之衣，俗名为袜，女子独易其名曰"褌"，其实褌即袜也。古云"凌波小袜"，其名最雅，不识后人何故易之？袜色尚白，尚浅红，鞋色尚深红，今复尚青，可谓制之尽美者矣。鞋用高底，使小者愈小，瘦者愈瘦，可谓制之尽美又尽善者矣。然足之大者，往往以此藏拙，埋没作者一段初心，是止供丑妇效颦，非为佳人助力。

　　近有矫其弊者，窄小金莲，皆用平底，使与伪造者有别。殊不知此制一设，则人人向高底乞灵，高底之为物也，遂成百世不祧之祀。有之则大者亦小，无之则小者亦大。尝有三寸无底之足，与四五寸有底之鞋同立一处，反觉四五寸之小，而三寸之大者。以有底则指尖向下，而秃者疑尖，无底则玉笋朝天，而尖者似秃故也。吾谓高底不宜尽去，只在减损其料而已。足之大者，利于厚而不利于薄，薄则本体现矣；利于大而不利于小，小则痛而不能行矣。我以极薄极小者形之，则似鹤立鸡群，不求异而自异。世岂有高底如钱，不扭捏而能行之大脚乎？

古人取义命名，纤毫不爽，如前所云以"蟠龙"名髻、乌云为发之类是也。独于妇人之足，取义命名，皆与实事相反。何也？足者，形之最小者也；莲者，花之最大者也；而名妇人之足者，必曰"金莲"，名最小之足者，则曰"三寸金莲"。使妇人之足，果如莲瓣之为形，则其阔而大也，尚可言乎？极小极窄之莲瓣，岂止三寸而已乎？此"金莲"之义之不可解也。从来名妇人之鞋者，必曰"凤头"。世人顾名思义，遂以金银制凤，缀于鞋尖以实之。试思凤之为物，止能小于大鹏，方之众鸟，不几洋洋乎大观也哉？以之名鞋，虽曰赞美之词，实类讥讽之迹。如曰"凤头"二字，但肖其形，凤之头锐而身大，是以得名；然则众鸟之头，尽有锐于凤者，何故不以命名，而独有取于凤？而凤较他鸟，其首独昂，妇人趾尖，妙在低而能伏，使如凤凰之昂首，其形尚可观乎？此"凤头"之义之不可解者也。

若是，则古人之命名取义，果何所见而云然？岂终不可解乎？曰：有说焉。妇人裹足之制，非由前古，盖后来添设之事也。其命名之初，妇人之足亦犹男子之足，使其果如莲瓣之稍尖，凤头之稍锐，亦可谓古之小脚。无其制而能约小其形，较之今人，殆有过焉者矣。吾谓"凤头"、"金莲"等字相传已久，其名未可遽易，然止可呼其名，万勿肖其实。如肖其实，则极不美观，而为前人所误矣。不宁惟是，凤为羽虫之长，与龙比肩，乃帝王饰衣饰器之物也。以之饰足，无乃大亵名器乎？尝见妇人绣袜，每作龙凤之形，皆昧理僭分之大者，不可不为拈破。

近日女子鞋头，不缀凤而缀珠，可称善变。珠出水底，宜在凌波袜下。且似粟之珠，价不甚昂，缀一粒于鞋尖，满足俱呈宝色。使登歌舞之氍毹，则为走盘之珠；使作阳台之云雨，则为掌上之珠。然作始者见不及此，亦犹衣色之变青，不知其然而然，所谓暗含道妙者也。

予友余子澹心，向著《鞋袜辨》一篇，考缠足之从来，核妇履之原制，精而且确，足与此说相发明，附载于后。

《妇人鞋袜考》

（清）余怀

古妇人之足，与男子无异。《周礼》有屦人，掌王及后之服屦，为赤舄、黑舄、赤繶、黄繶、青勾素屦、葛屦。辨外内命夫命妇之功屦、命屦、散屦。可见男女之履，同一形制，非如后世女子之弓弯细纤，以小为贵也。

考之缠足，起于南唐李后主。后主有宫嫔窅娘，纤丽善舞，乃命作金莲，高六尺，饰以珍宝，绷带缨络；中作品色瑞莲，令窅娘以帛缠足，屈上作新月状，著素袜，行舞莲中，回旋有凌云之志。由是人多效之，此缠足所之始也。

唐以前未开此风，故词客诗人，歌咏美人好女，容态之殊丽，颜色之天姣，以至面妆首饰、衣裙裙裾之华靡，鬓发、眉眼、唇齿、腰肢、手腕之婀娜秀洁，无不津津乎其言之，而无一语及足之纤小者。即如古乐府之《双行缠》云："新罗绣白胫，足跌如春妍。"曹子建云："践远游之文履"。李太白诗云："一双金齿屐，两足白如霜。"韩致光诗云："六寸跌圆光致致"。杜牧之诗云："钿尺裁量减四分"。汉《杂事秘辛》云："足长八寸，胫跗丰妍。"夫六寸八寸，素白丰妍，可知唐以前妇人之足，无屈上作新月状者也。即东昏潘妃，作金莲花帖地，令妃行其上，曰："此步步生金莲花"，非谓足为金莲也。崔豹《古今注》："东晋有凤头重台之履。"不专言妇人也。宋元丰以前，缠足者尚少，自元至今，将四百年，矫揉造作亦泰甚矣。

古妇人皆着袜。杨太真死之日，马嵬媪得锦袎袜一只，过客一玩百钱。李太白诗云："溪上足如霜，不着鸦头袜。"袜一名"膝裤"。宋高宗闻秦桧死，喜曰："今后免膝裤中插匕首矣！"则袜也，膝裤也，乃男女之通称，原无分别。但古有底，今无底耳。古有底之袜，不必着鞋，皆可行地；今无底之袜，非着鞋，则寸步不能行矣。张平子云："罗袜凌蹑足容与。"曹子建云："凌波微步，罗袜生尘。"李后主词云：

"划袜下香阶，手提金缕鞋。"古今鞋袜之制，其不同如此。至于高底之制，前古未闻，于今独绝。吴下妇人，有以异香为底，围以精绫者；有凿花玲珑，囊以香麝，行步霏霏，印香在地者。此则服妖。宋元以来，诗人所未及，故表而出之，以告世之赋"香奁"，咏"玉台"者。

袜色与鞋色相反，袜宜极浅，鞋宜极深，欲其相形而始露也。今之女子，袜皆尚白，鞋用深红深青，可谓尽制。然家家若是，亦忌雷同。予欲更翻置色，深其袜而浅其鞋，则脚之小者更露。盖鞋之为色，不当与地色相同。地色者，泥土砖石之色是也。泥土砖石其为色也多深，浅者立于其上，则界限分明，不为地色所掩。如地青而鞋亦青，地绿而鞋亦绿，则无所见其短长矣。脚之大者则应反此，宜视地色以为色，则藏拙之法，不独使高底居功矣。鄙见若此，请以质之金屋主人，转询阿娇，定其是否。

九　纤履：尚着云头踏殿鞋

觑鞋儿三寸，轻罗软窄，胜蕖花片。

若还绣满花，只费分毫线。怪他香喷

喷不沾泥，只在楼上转。

《陆五汉硬留合色鞋》

传统的中国文化赋予了女性之鞋更多的符号意义，鞋子包裹着女性身体最隐秘的一部分，在一定程度上，它被视为女性本身。从这个角度来理解，女性若赠鞋于异性，即意味着托付终身；而鞋落入他人之手，则是不祥的征兆，暗示着女性的贞洁受到隐隐的威胁。这并非危言耸听，明代冯梦龙编《醒世恒言》中，就收有《陆五汉硬留合色鞋》这样一篇故事，讲述了一个由女鞋引发的悲剧：闺中少女潘寿儿爱上了英俊潇洒的张荩，赠以合色鞋（用几种颜色的布料拼成鞋面的鞋子），不巧鞋子落入无赖陆五汉之手，他趁着夜色冒名与潘寿儿约会。潘寿儿错认情人，两下里往来甚密，不久，私情败露，陆五汉误杀潘家父母，张荩却被官府抓去顶罪。合色鞋成了关键的线索，官府顺藤摸瓜找到陆五汉，他被判死刑，为自己的凶残好色付出了代价。可怜的是潘寿儿，失去了贞节和双亲的女孩子在那样的环境里，甚至失去了继续活下去的资格，她以死谢罪，留给张荩终生的忏悔和内疚。一双小巧可爱的合色鞋，断送了四条人命，通过这种"色"与"空"的转换，讲故事的人传达出了他的意图：远离人心深处的种种欲望，方能安然度过一生。

这个故事虽然充满血腥和伤感，却真实地写出了那种封闭的社会中，女鞋所具备的奇特魅力：张荩站在寿儿楼下守望，他接到了寿儿投下的合色鞋，"双手承受，看时是一只合色鞋儿。将指头量摸，刚刚一折"，在揣摩把玩的过程中，他沉浸在对那双纤纤金莲的想象里，难以自拔。白马王子般的翩翩书生张荩拜倒在合色鞋下，以杀猪宰羊为生的莽夫陆五汉也被它吸引了视线，"解开看时，却是一双合色女鞋，喝彩道：'谁家女子，有恁般小脚！'相了一会，又道：'这个小脚女子，必定是有颜色的，若得抱在身边睡一夜，也不枉此一生！'"女子脚上的鞋，直接与她的女性魅力挂钩起来。儒家文化贬斥女性魅力，强调只有在将其纳入社会伦理体系的前提下，它才是安全的、值得赞美的；反之，女性魅力如果不能受到社会伦理的引导和规范，则会带来倾覆家邦的危险。上述故事中，寿儿的美貌，如果能为她带来和谐稳定的婚姻，自是值得欣赏；但她的美色诱惑了男性，导致了男人的作奸犯科，那必将受到惩罚。故事中作者对合色鞋的矛盾态

度，正源于儒家文化对女性魅力的微妙心理。从这点上，可以看到，

中国女性之鞋，不仅承载了历史的变迁，更诉说着丰富的文化内

容。

鞋，在中国传统服饰体系中占有非常重要的位置。古人将鞋、袜合称为"足衣"，鞋以踏地行走为尚，袜以保暖吸汗为主。千百年来，从形式到用途，鞋有着繁复多样的区分，极大地丰富了我国的足衣文化。即从名称上来看，中国古代社会对鞋有着多种指称，包括舄、靴、金莲、履、屐等，由此分化、发展而来的女鞋，更是千姿百态、炫美异常。

史书记载，商周时代，鞋式不分男女，负责王室服饰的官吏同时掌管君王和王后的鞋履。周代注重礼仪，关于穿鞋，也有诸多繁复的规定，如《周礼·天官》记载，"……王后唯祭服有舄，玄舄为上……下有青舄、赤舄"。舄是一种重底鞋，鞋底下再加木底，这般沉重的鞋子穿在脚上，会加重小腿的下坠力，使穿鞋者难以快步前进，只能缓缓行走，显得庄重、沉稳。崔豹《古今注》云："舄，以木置履下，干腊不畏泥湿也。诸履之中以舄为贵。"《诗经·豳风·狼跋》"狼跋其胡，载疐其尾。公孙硕肤，赤舄几几"，则以轻快又略带讽刺的口吻写到公孙大人笨拙而骄横的仪态，他穿着华丽的大红舄，特意露出前端弯弯的鞋头，鞋底虽然沉重，他走起路来一摇三晃，却依然神气活现，骄奢之状，溢于纸上。"几几"，形容弯曲貌，此处指舄前端的"絇"，它是舄上最明显的部分，"状如刀衣之鼻"，两侧有孔，以穿引鞋带。舄头置"絇"，固然出于美观的目的，更重要的是，还有警诫穿舄者规行矩步，庄重端凝的意思。舄与普通鞋子的最大不同之处在于鞋底，它是双层底，"上层用皮革或布，下层用木"。（见《中国服饰》，第173—174页。）舄置双底，还有实用方面的考虑。因为它主要是祭祀和朝会时穿的礼鞋，古代祭祀和朝会规矩繁多，耗时费力，并且，祭祀往往在郊外举行，天寒露重，鞋子容易浸湿受污，在鞋底下再放置一层木底，可以有效地减缓人的疲惫，也能更好地保护鞋子。于是，舄便应运而生。

　　舄既然是礼制的产物，何时、何地穿舄，与何种衣服搭配，就是丝毫错乱不得的大事了。周礼规定，君王后妃，公卿贵族，必须根据场合穿舄，并搭配不同颜色的衣服。东汉经学大师郑玄注释《周礼》提到，"王吉服有九，舄有三等：赤舄为上，冕服之舄；《诗》云'王锡韩侯，玄衮赤舄'，则诸侯与王同。下有白舄、黑舄。王后吉服六，唯祭服有舄，玄舄为上，褕衣之舄也。下有青舄、赤舄。"从这段不无繁琐的注释来看，男性贵族都以赤舄为

脚着玄舄的宋代皇后

上，但王后命妇们都以玄舄为尊崇。带赤的黑色谓之玄色，在中国服饰文化体系中，是最尊贵的色彩，"玄衣纁裳"，代表着服饰主人的高贵身份，也折射出中国古代等级制度的森严。王后贵妇着舄的制度，延续千年之久，如下图，宋代皇后，就是脚着玄舄，仪态谨然。

舄是正式场合的礼鞋，但在很多时候，又需要脱舄表示恭敬。《通典·礼部五》记载，册封皇后时，礼节繁缛，规定"又设命妇等脱舄席于西阶前"，命妇进宫拜贺新皇后时，是要求脱舄的：

> 为首者脱舄，升，进当御座前，北面跪奏："某妃妾姓等言，伏唯殿下坤象配天，德昭厚载，凡厥兆庶，不胜庆跃。"讫起，司宾引为首者自西阶降，纳舄乐作，复位乐止。

舄的一脱一穿之间，亦大有文章。儒家文化强调社会秩序的规范，一举一动，一颦一笑，都要合乎礼仪，进止有度，命妇"脱舄""纳舄"正是依此而来。同理，如果鞋舄纷飞，则意味着规矩的错乱和平衡的破坏。晚唐传奇《独孤遐叔》中就记录了一个纷乱的场景，书生独孤遐叔离开妻子远游在外，归心迫切，深夜赶路，宿于郊外。因过度思念娇妻，迟迟难眠，忽闻窗外有喧嚣之声，惊起出看，但见：

> 辅陈既毕，复有公子女郎共十数辈，青衣黄头亦十数人，步月徐来，言笑宴宴。遂于筵中间坐，献酬纵横，履舄交错。中有一女郎，忧伤摧悴，侧身下坐，风韵若似遐叔之妻。窥之大惊，即下屋袄，稍于暗处，迫而察焉，乃真是妻也。

接下来的情节可以写一部惊悚小说了，有男人强迫遐叔的妻子饮酒，肆意调戏，遐叔怒不可遏，捡起一块大砖，劈面扔进，嘈杂声顿时安静下来，紧接着，所有的一切瞬间消失。遐叔惊出一身冷汗，才发现是梦，怀着忐忑不安的心情，他快马加鞭地赶回了家中，妻子安然无恙。两人互诉别情，他发现妻子居然做了一个一模一样的梦。按照现代文学理论的观点，该小说可以归入新感觉派了，它写出了人内心深处的担忧和关切，而那个纷乱熙攘的场景中，高贵的"舄"和普通的"鞋"混杂在一起，分明暗示了权贵和贫民的混合，男人与女人两性关系的杂乱，那显然就是一个富贵公子强抢民女的故事。同样，当原为贵族禁脔的"舄"被普通人踏在脚下时，也意味着礼崩乐坏年代的到来。《金瓶梅》里，就有这般曲笔：

> ……请玉皇庙吴道官来悬真，那道士身穿大红五彩云霞

二十四鹤鹤氅，头戴九阳玉环雷巾，脚蹬丹舄，手执玉笏……

（第六十五回）

丹为红色，红舄原本是贵族的专有之物，在《金瓶梅》的世界里，道士居然堂而皇之地足蹬红舄，这足以说明，晚明的礼教松弛、胡天胡地已经到了相当程度。而满清入主中原后，朝祭之服改用靴，舄亦退出祭祀等大典，渐渐成为历史中尘封的遗物，不复有实用之价值。

任何一个社会，在推崇贵族生活方式的同时，都会为平民留下一定的生存空间，如此，方能保证社会的活力和生机，在小小的足底之"鞋"上，亦是如此。舃是商周礼制社会的产物，彼时，整个华夏大地推崇的是"天有十日，人有九等"，等级森严，难以逾越，并且征之于诸多细物，体现在社会生活的诸多细节上。舃是贵族之物，一般平民自然难以染指，他们只能转而制作适合自己的鞋。《诗经·魏风·葛屦》云"纠纠葛屦，可以履霜。掺掺女手，可以缝裳"，相传这首诗是为一位心怀怨怼的制衣女奴而作。她辛辛苦苦地为女主人缝制衣服，劳累无比，主人欣赏衣服的精致做工，却对她的辛苦视而不见。她难免有点儿生气，视线落到自己脚上，天气已经渐渐转凉，她还穿着那双葛草编成的鞋，它原本是用来应付夏天的，现在已经难以抵挡日渐寒冷的天气。念及此，她不禁悲从中来，伤感不已。诗中提到的屦，是一

湖北江陵凤凰山西汉墓出土麻鞋

种便履，有复有单。所谓葛履，就是用葛茎编成的鞋，轻巧耐用。和舄相比，履更为实用，更适合平民穿用。目前能看到最早的类似葛履的麻鞋，是湖北江陵凤凰山168号西汉墓随葬品，该鞋为麻布面底，制作颇为精致。

这样的履，结实耐用，也自有其可取之处。履，还和中国文化中堪称经典的一段爱情联系在一起，那就是梁鸿和孟光的故事。梁鸿，东汉陕西人氏，人品高洁，名动乡里，有不少人想把女儿许配给他，却都遭到回绝。上天造了这么一个奇男子，自然不会让他孤单一世，梁鸿声名远播，乡里之间，闻其名而芳心暗许者，自是不少。"同县孟氏有女，状肥丑而黑，力举石臼，择对不嫁，至年三十。父母问其故。女曰：'欲得贤如梁伯鸾者。'"倘若用今天的眼光来衡量双方，孟女可谓不自量力，君不见，古往今来的多数男子，无论老少尊卑贵贱，在择偶的标准上都有着惊人的一致：愿得少艾佳人。更何况，她处于那样封闭的社会，那样对女性万般严苛的年代，作为待嫁的女性，孟光毫无优势，年龄已到三十，相貌丑陋，偏偏还力大无比，能举石臼，没有半点儿女孩儿家的文弱、娇羞。这样的女儿，父母想来忧心不已，而她居然提出了"要嫁梁鸿"的要求，以她的条件，要在一堆觊觎梁郎的女子中胜出，可谓难比登天。可偏偏就有那样奇特的男人，会来成全这段千古佳话，"鸿闻而聘之"。在中国传统的男权社会里，也有真君子，"好德"之心胜过"好色"之情，娶妻求贤而不求美，这次，是命运女神眷顾了孟光。

但生活似乎又给她开了一个小玩笑，"女求作布衣、麻屦、织作筐、缉绩之具。及嫁，始以装饰入门。七日而鸿不答"。贤惠的妻子做好了布衣、麻鞋，准备好了各种纺织器具，安心准备服侍夫子，佳期已至，虽然有着"貌寝不敢配君子"的胆怯，孟光还是精心修饰了自己，高高兴兴地嫁入了梁家，入门伊始，就遭到了丈夫的冷遇，这一冷就是七天，整整一个星期，梁鸿居然没有和孟光说一句话。莫非，这段奇缘不过是她的一厢情愿，梁鸿也不过是滚滚红尘中的凡夫俗子，见到孟光的相貌，忍不住生了嫌弃之心？一般女子遇到这种情况，大概要泫然泣下，手足无措了。但孟光是不同凡俗的，她显然头脑冷静，遇事镇定，并已经盘算好了，必须得和丈夫好好谈谈。为此，她几经思考，先恭恭敬敬地跪在丈夫的面前，紧接着，非常谦卑地问道："窃闻夫子高义，简斥数妇，妾亦偃蹇数夫矣。今而见择，敢不请罪。"
用白话翻译就是："我听说您选择妻子有自己的标准，所以蹉跎
至今。我也同样，一直没有找到合适的丈夫。如今，很幸运，您
选择了我，我心里感到很惭愧，不足之处，还请您多担待。"可见，
孟光虽然貌不惊人，却很懂人情世故，说话、做事极有分寸，此
一席话绵里藏针，她心底分明是伤感于丈夫的冷漠，却用一种委
婉的、柔弱的方式娓娓道来。对此，梁鸿早有准备，侃侃而答：
"吾欲裘褐之人，可与俱隐深山者尔。今乃衣绮缟，傅粉墨，岂
鸿所愿哉？"果真是奇男子，梁鸿择偶不同流俗，他需要的是一
个可以与之偕隐深山，甘耐寂寞的妻子，孟女早前涂脂抹粉的妆
扮，梁鸿虽然没有明说，内心却深感失望。这个故事最后以夫妻
和好为大结局，孟光听到夫子之言，立刻脱去鲜衣，洗去脂粉，"乃
更为椎髻布衣，操作而前"。梁鸿一见之下，大喜曰："此真梁鸿
妻也，能奉我矣。"二人遂白头偕老。在这个故事里，有着"麻屦"
般朴实本质的孟光，凭借自己的真诚，成就了人生的幸福，也使
得举案齐眉的故事千古流传，堪称佳话。

三

中国古代社会，等级森严，社会各阶层之间泾渭分明，其衣食住行，行为处事，也都带有各自不同的印记。即以小小一双鞋视之，贵族有其庄重，平民有其实用，文人则有其浪漫。"愿在丝而为履，附素足以周旋；悲行止之有节，空委弃于床前"（《闲情赋》），一千多年前，田园诗人陶渊明曾这般向心爱的女人表白：我愿意是你脚上的丝履，贴附你的素足，与你永不分离，可惜这只是我的痴心妄想，因为你总有安静休息的时候，那时节，脚上的丝履被你轻轻脱下，我也被你无情地搁在了一边。这样的表白，深情且不乏幽默，热烈又不流于轻佻，在以含蓄蕴藉为长的中国文化氛围中，显得很别致、很另类。尤其是将自己想象为爱人脚下的丝履，千丝柔情，纷纷缕缕地包裹着爱人的纤足，一刻都不愿分离，这是何等的浪漫！

汉代以来，随着社会生产力的发展，民间纺织技术大幅提高，

马王堆汉墓出土西汉丝履

新疆阿斯塔那古墓出土的东晋丝履

蚕丝普遍用于服饰制作，丝履、丝袍成为一时潮流。如马王堆汉墓中出土的西汉丝履和新疆阿斯塔那古墓出土的东晋丝履，流光溢彩，精致动人，体现了汉晋时期高超的制鞋技术。陶渊明笔下"附素足以周旋"的，应该就是这样一双象征人间至情真爱的"丝履"，它附着在伊人的纤足上，带给她最贴心的呵护。

精致的丝履，被文人视为传情达意的信物，在现实生活中，却更多体现出其实用价值。明代吕坤撰《四礼翼》中记述，"帝王生女，尚弄之瓦，则纺织、女功第一要务也"。古代社会以农为本，女孩子在很小的年纪，就要学着做些针线活计，补贴家用。所谓"八岁学作小屐，十岁以上即令纺绵、饲蚕、缫丝，十二以上习茶饭、酒浆、酱醋，十四以上学衣裳、织布、染醮，凡门内之事无所不精……"（吕坤《四礼翼·昏前翼》），八岁的小姑娘，就要学做小鞋子，多少也有点劳其筋骨，巧其技艺的意思。这种闺中训练，还有另外一层含义，古人早婚，女儿长到十三四岁，父母就开始张罗定亲，十五六岁就要出阁了，倘若没有出众的针黹手艺，到了婆家，拿不出像样的活计，会被婆家瞧不起，以后的日子也别想过得舒心畅意。吴敬梓《儒林外史》里就写了这么一段故事：孀居的王太太被媒人欺诓，嫁给了唱戏的鲍廷玺，得知真相后大失所望，对待婆婆很是怠慢，"也没有茶，也没有鞋"。如此礼数不周，自然惹得婆家厌憎，连带着丈夫也受累。

莫要小看了送鞋这一小小的礼节，传统家庭里，婆婆与儿媳的关系非常微妙，某个细节做得不到位，就会成为压垮婆媳关系的最后一根稻草。传唱千古的《孔雀东南飞》里，倍感压抑的新媳妇吐出了委屈心声：刘兰芝与丈夫焦仲卿伉俪情深，却莫名其妙地得罪了婆母，被休回娘家。临别时拜见婆母，诗中写她"鸡鸣外欲曙，新妇起严妆。著我绣夹裙，事事四五通。足下蹑丝履，头上玳瑁光"，这般精心打扮，对高高在上的婆婆，多少有点示威的意思吧。兰芝未出阁前就以女红闻名乡里，来到焦家后，更是日夜织作，辛苦支撑着家庭的经济。这般付出却换来了婆母的羞辱，无故遭到休弃。被弃已成事实，她反倒失去了以往对婆母战战兢兢的畏惧，索性妆扮得光彩照人，言下之意，这么工于针黹的好媳妇婆婆你没有珍惜，往后再也难得享受那些精工缝制的衣衫鞋袜了。接下来她的一番话，更是不卑不亢，柔中带刚，"昔作女儿时，生小出野里。本自无教训，兼愧贵家子。受母钱帛多，不堪母驱使。今日还家去，念母劳家里"。这样的女子，进止有度，婉转自如，却被婆母以"无礼自专"的理由驱逐出门，只能说是欲加之罪，何患无辞。临行前，伊人那番刻意的打扮，折射出了婆婆的蛮横，更映出了她内心的脆弱和悲哀，大抵世人之间，始终被冥冥之中的缘分牵系着，她与婆母，虽然念兹在兹的是同一个男子，双方却始终心怀罅隙，归结到底，恐怕只能以"无缘"概之。

传统婚姻制度下，有太多的婆婆，当媳妇时受尽凌辱；待熬到做婆婆，反而以更霸道的方式欺凌媳妇，代代相因，获取内心的补偿和平衡。夹在母亲和妻子之间，可怜的焦仲卿只能与兰芝依依话别，信誓旦旦地约定了后会之期。没想到，世事易变，还没来得及劝动焦母，兰芝已经被阿兄许配他人。焦仲卿听到变故迅速赶来，两人相见，已是回天无术，只能空怀惆怅，既然今生已经无缘，倒不如共赴黄泉，做一对同命鸳鸯，两人遂相约殉情。

于是，在盛大的婚礼上，人客醺醺，兰芝却是神情黯然，待到黄昏时分，"揽裙脱丝履，举身赴清池"；焦仲卿闻讯也"徘徊庭树下，自挂东南枝"；只落得"两家求合葬，合葬华山傍"的结局。在传统文化里，鞋亦被解读为"谐"，喻示着夫妻的和谐美满，兰芝临终前脱掉丝履这一举动，暗示着她已经无法再从婚姻中得到幸福，因而宁愿选择死亡。

除材质外，鞋履的差别，更多体现在款式上，其中鞋头款式尤为重要。马镐《中华古今注》卷上云："（秦始皇）令三妃九嫔当暑戴芙蓉冠子，以碧罗为之，插五色通草苏朵子，披浅黄丛罗衫，把云母小扇子，靸蹀凤头履以侍从。令宫人当暑戴黄罗髻，蝉冠子，五花朵子，披浅黄银泥飞云帔，把五色罗小扇子，靸金泥飞头鞋。至隋帝，于江都宫水精殿令宫人戴通天百叶冠子，插瑟瑟钿朵，皆垂珠翠，披紫罗帔，把半月雉尾扇子，靸瑞鸠头履子，谓之仙飞。"卷中云："至汉有伏虎头，始以布鞔缲，上脱下加，以锦为饰。至东晋，以草木织成，即有凤头之履、聚云履、五朵履。宋有重台履。梁有笏头履、分捎履、立凤履，又有五色云霞履。"此两段文字中，提到的多种鞋履，都是由鞋头式样得名。由此可见，古代鞋履往往直接以鞋头的样式来取名，最常见者如歧头履、高头履、笏头履、重台履、云头履、五朵履、伏鸠头履等。此外，也有以鞋帮款式或花纹命名者，如花文履、承云履、鸳鸯履、蝴蝶履等。

马王堆汉墓出土帛画中脚穿歧头履的女子

唐·阎立本《历代帝王图》(局部)

歧头履，也称分梢履，鞋头分成两个小梢，状如尖角。马王堆汉墓出土的帛画中，女子脚穿的正是歧头履。在唐代阎立本的《历代帝王图》中，也能看到男子和女子脚上，都穿着两角突出的歧头履，以此推断，从汉到唐，歧头履一直沿用不衰。

唐代社会富足，从朝廷到民间，无不崇尚华衣美服，妆扮款式务求新奇夸张，以达到夺人眼目的作用。在这种社会风气的推动下，唐代高头履广为盛行，顾名思义，这种鞋履便是在鞋头费尽心思，使之高高拱起，可想而知，这样做鞋，会形成相当大的浪费，因此朝廷曾一度明令禁止。《新唐书·车服志》记述，唐文宗曾发布诏书，对女性穿鞋做出了严格的规定，"妇人衣青碧缬、平头小花草履、彩帛缦成履，而禁高髻、险妆、去眉、开额及吴越高头草履"，可见高头履事涉奢华的社会风气，浪费太过，已经到了非禁不可的地步。

河南邓县出土的南北朝时期砖刻画像

唐永泰公主墓壁画

具体而言，高头履包括笏头履、高墙履、云头履、五朵履等。其中，笏头履以鞋头上翻，状如笏板而得名。早在南北朝时期，笏头履便已开始流行，如河南邓县出土的南北朝时期砖刻画像上，几名女子都穿着高高拱起的笏头履。笏头履在隋唐时期依然非常盛行，但形制稍有变化，由笏板形状变为高高耸起的一片长方形，也称高墙履，唐永泰公主墓壁画，侍女即多着高墙履。

云头履，以鞋头翻卷如云状而得名，如新疆阿斯塔那唐墓出土实物所示。唐代王涯《宫词》中"春来新插翠云钗，尚着云头踏殿鞋"，正是咏叹女性穿着云头鞋的妩媚姿态。

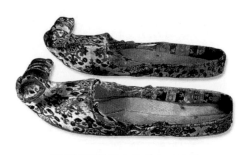

新疆阿斯塔那唐墓出土云头履

五朵履，名副其实，即鞋头被制作成五朵瓣儿，高高翘起，如敦煌莫高窟壁画中的女子，脚上所穿之履，即较接近于

新疆阿斯塔那唐墓出土壁画中女子

五朵履。

重台履，明代田艺蘅《留宵日札》云："高底鞋，即古之重台履也。"可见重台履是一种厚底鞋。但根据沈从文先生的考证，他认为重台履是另一种变形的笏头履，即在高墙履鞋头的基础上，再加上一块鞋头，显得重叠如山，如新疆阿斯塔那唐墓出土的壁画中女子所穿，亦可谓仁者见仁，智者见智。

汉魏至隋唐期间，高头履如此流行，固然和经济发达，社会财力丰富有一定关系，但任何一种服饰的流行，除了审美功能外，必然还有实用功能在其中。考唐代服饰，女子之裙以宽、长、式样繁复著称，时人甚至有"裙拖六幅湘江水"之说，穿着如此累赘的裙装，行走起来非常不方便，因此，女子普遍穿高头履，或许以鞋头起到一定的固定、收束裙子作用。而从高头履在隋唐的流行，亦可见当时女子追求时尚之热烈，若论到其鞋样设计，种种匠心独到之处，殊为难得。

（四）

屐，是一种构造独特的有齿之鞋，在木制的鞋底之下装上木质的屐齿，以减少鞋底和地面的摩擦，使穿着者行走得更加平稳自在。屐齿可以经常更换，能有效地延长屐的使用寿命。（见《中国服饰》，第181页。）屐在中国的出现，已有数千年的历史，相传早在春秋时期，越国向吴王夫差进献绝世美女西施，为了更好地欣赏美人的婀娜身姿，夫差特地命人建造了一条"响屐廊"——在长廊之下挖坑，埋下成排陶缸，再于上方铺设一层厚厚木板。这一切都准备停当后，再让身系铜铃、玉佩，脚穿精巧木屐的西施在廊中翩翩起舞，木屐和木板相碰撞，引起陶缸的回声，与清脆的铃声、玉佩声共鸣，配合西施的柔美身姿，让吴王神魂颠倒，心醉神迷，从此朝政日非。

宋初著名诗人王禹偁曾经写有《游灵岩山·响屐廊》一诗讽刺夫差，"廊坏空留响屐名，为因西子绕廊行。可怜伍相终死谏，谁记当时曳屐声"。王禹偁出身贫寒，凭自己的奋斗一步步走入仕途，这种读书人出身的士大夫，都以做直臣、谏臣为理想，因此诗中多有讥讽。无独有偶，几百年之后，清代的蒋士铨也作了一首诗与之异代唱和，诗中写道："不重雄封重艳情，遗踪犹自慕倾城。怜伊几两平生屐，踏破山河是此声。"蒋士铨是清代中期文坛巨子袁枚的朋友，写诗推崇"性灵"，但和袁枚比较起来，他更加注重忠孝节义等礼教规范，可以说是集风流名士和刻板道学于一身的才子，其为人之双重性在诗中也有所体。一方面批评君王的荒淫，另一方面却又隐约流露出对佳人、爱情的向往。

晚于春秋的汉代，木屐风行。东汉风俗，女儿出嫁，必备木屐为嫁妆。《后汉书·戴良传》云："良五女并贤，每有求姻，辄便许嫁，疏裳、布被、竹笥、木屐以遣之，五女并能遵其训。"戴良此人狷介狂放，曾放言"我若仲尼长东鲁，大禹出西羌，独步天下，谁与为偶"，自比为孔子、大禹，其狂傲可想而知。这样的狂生，教育女儿却非常保守，仍是遵循着儒家温良恭俭让的传统，在女儿出嫁时，简简单单地送些粗陋的衣服鞋子，让她们恪守妇德。自大儒眼中看来，衣着简单朴素是天下安定的表征，倘若在衣服鞋面上做些许华丽的表面文章，那就预示着天下将乱。《后汉书·五行志》中记述，"延熹中，京都长者皆着木屐，妇女始嫁，至作漆画五采为系，此服妖也，到九年党事始发……应木

屐之象也"。这种漆
绘木屐的出土实物,
最早见于安徽马鞍
山东吴朱然及其妻
妾合葬墓中。无非
就是在木屐上画一
些五彩花纹,如此
简单的一件事情,

安徽马鞍山东吴墓出土漆绘木屐

偏偏让学究们穿凿附会地和社会乱象联系起来,不得不让人感慨
传统史家的刻板无趣。

自东汉末期至三国归晋,经过几十年的纷争,人们好不容易
盼来了短暂的安宁,又开始在鞋子上花心思了。《晋书·五行志》
记述:"初作屐者,妇人头圆,男子头方。圆者顺之义,所以别
男女也。"意思是说,最初设计木屐时,女子之屐,头部多为圆形,
男子之屐,则头部多为方形。这样设计,不仅有美观上的考虑,
还隐含了女性圆顺的意思。这样解释,倒也勉强行得通,但让人
倒吸一口凉气的"考证"还在后面,"至太康初,妇人屐乃头方,
与男无别,此贾后专妒之征也"。太康是晋武帝的年号,这位开
国之君英明一世,却在选择继承人上犯下了一生中最大的错误,
他抵挡不住发妻杨皇后的柔情和泪眼,将白痴太子送上了皇位,
是为大名鼎鼎的晋惠帝。更令人唏嘘的是,弱智的晋惠帝偏偏娶

了一位凶悍残忍的皇后贾南风。据说贾南风身短面黑，相貌丑劣，靠着家族的势力和阴谋权术登上了帝后的宝座。她不甘心相伴傻子一生，广蓄面首，把持朝政，最后导致了"八王之乱"，西晋覆灭，自己也落得饮鸩而亡的下场。贾南风是史上著名的悍后，可将她的凶狠，硬是和当时木屐的形状变化联系在一起，也未免太过牵强。煌煌《晋书》，居然将这种荒诞不经的传说采入信史，如此看来，历史有时候的确是任人打扮的小姑娘。

古人喜欢穿木屐，还和当时的地理有一定关系（地理包括地形、气候、水土等）。汉魏以后，南方渐渐得到开发。江南一带，人口稠密，屋舍俨然，雨水丰沛，土壤潮湿，为方便出行，人们开始穿木屐。南朝宋沈怀远著《南越志》，其中提到"军安县女子赵妪，尝在山中聚结群党，攻掠郡县，着金箱齿屐及象头斗战"，可见南北朝时期两广地区的女子穿木屐，并且木屐的形制还颇为讲究，甚至用贵重的材料加以修饰包装。又唐代大诗人李白，曾吟诵江南少女穿屐，"一双金齿屐，两足白如霜"（《浣纱石上女》），少女雪白纤细的脚，自然展现在金齿屐上，尽显青春活力。宋代以后，女子多缠足，穿木屐者渐少，但广东、福建一带的女子仍多天足，因而也部分保留了穿木屐的习俗。（见《中国服饰》，第183页。）晚明谢肇淛《五杂组》记述："今世吾闽兴化、漳、泉三郡，以屐当屣，洗足竟，即跣而着之，不论贵贱男女皆然，盖其地妇人多不缠足也。女屐加以彩画，时作龙头，终日行屋中，阁阁然。"又清初屈大均《广东新语》中记述："今粤中婢媵，多着红皮木屐。士大夫亦皆尚屐。沐浴乘凉时，散足着之，名之曰'散屐'，散屐以潮州所制拖皮为雅，或以木包木为之。……新会尚朱漆屐；东莞尚花绣屐，以轻为贵。"可见，明末清初，福建广东地区木屐颇为流行，人们在制作木屐时，除实用外，也还注重其外形的美观。

如果说木屐源自南方，以其轻便灵巧丰富了中国古代的鞋履文化，那么，来自塞北的靴，则以其结实耐用，在民族融合的进程中发挥了独特的作用。

靴，是一种高筒鞋，多用皮革制成，鞋帮较高，甚至及膝，穿时紧裹小腿。先秦时，靴子是北方胡族的服饰，目前出土的较早实物，如新疆小河墓地出土的一双女皮靴，距今大约3800年左右。（见《中国服饰》，第188页。）赵武灵王推行胡服骑射之后，靴子渐渐进入到中原地区，为汉族所采用，因其轻便简捷，适合乘骑，多为军人穿着。隋唐时靴子被朝廷纳入舆服体系，此后，官吏也多穿靴。唐代风气开放，女性喜欢模仿男子衣着，"开元初，宫人马上着胡帽，靓妆露面，士庶咸效之。至天宝年中，士人之妻着丈夫靴衫鞭帽，内外一体也"（马缟《中华古今注》）。大唐李姓皇族，有着北方少数民族血统，对外来文化持有难得的宽容，大量胡人涌入中原居住，异域风情与中原文化交融一处，形成了独特的盛唐气象，其中就包括服饰的更新和变异。唐代的女性，很幸运地享有随心所欲穿衣打扮的自由，她们是那样地无拘无束，戴胡帽、穿胡衣、踏胡靴、提胡鞭，堂而皇

新疆小河墓土女皮靴

之地将男子的衣裳穿在身上。女性的柔媚和男性的阳刚糅合在一起，化身为唐诗和野史笔记中变化万千、风流妩媚的精灵，其中，就不乏娇俏妩媚的穿靴女子。如李白《对酒》"蒲萄酒，金叵罗，吴姬十五细马驮。青黛画眉红锦靴，道字不正娇唱歌"，十五岁的江南少女冉冉骑在马上，细细的黑眉，衬着脚上的红色锦靴，正在旁若无人地娇声吐唱。放浪不羁的诗仙喜欢以四海为家，用他的如椽大笔挥洒大唐风流，他行走到山温水软的江南，吴姬越女，笑靥如花，那醉人的江南风情将她们点染得明媚娇柔，明显有别于长安贵妇的雍容华贵，也为开阔雄浑的盛唐气象提供了另样的诠释。

吴越少女，刚到及笄之年，就已经倾倒了大唐诗仙，及至年龄稍长，阅历世事人情后，那般风流蕴藉，那样慧性灵心，就更令人心驰神往了。中唐时期，蜀中名妓薛涛能诗善文，工于书法，时称

"女校书"。名扬古今的薛涛笺，即为她所创制。最早推崇薛涛的人是风流节度使韦皋，而与薛涛相交最深者，则属元稹。唐宪宗元和四年，元稹受职监察御史，奉命西行东川，数月后又调往北方。在川盘桓期间，得以和薛涛相会。两情缱绻，依依难舍。薛涛曾作《赠远》诗惜别元稹，"知君未转秦关骑，日照千门掩袖啼""闺阁不知戎马事，月高还上望夫楼"，据诗读来，元稹似有承诺，允其日后重聚，相依相守。然而，关山难越，音书隔绝，还有另一个女人的出现，使得元稹改变了初衷。据范摅《云溪友议》记述，"及（元稹）廉问浙东，别涛已逾十载。方拟驰使往蜀取涛，乃有俳优周季南季崇及妻刘采春，自淮甸而来，善弄陆参军，歌声彻云，篇韵虽不及涛，容华莫之比也。元公似忘薛涛，而赠采春诗曰'新妆巧样画双蛾，幔裹恒州透额罗。正面偷轮光滑笏，缓行轻踏皱纹靴。言辞雅措风流足，举止低徊秀媚多。更有恼人肠断处，选词能唱望夫歌'……采春所唱一百二十首，皆当代才子所作，其词五六七言，皆可和者"。刘采春出身俳优，才华固然不及薛涛，但论到色艺风情，大概要远胜薛涛了。从元稹的赠诗来看，她画着最时新的蛾眉妆，裹着最流行的透额罗，足登最时尚的皱纹靴，容颜光洁，舞姿轻盈，全然一副摩登女郎的做派。其时，元稹已经四十五岁，而薛涛则是五十开外了，纵然元稹曾经深深地被薛涛的才华所打动，但此时，更能吸引他视线的，应该是刘采春的轻歌曼舞了。

从元、薛所处的中唐到北宋初年，经历 150 多年后，女子缠足者渐渐增多，穿靴者慢慢减少。但与此同时，北方的少数民族统治地区，穿靴依然较为常见，在一定程度上，穿靴与否，成为了区分汉族、少数民族女子的标志之一。也正是这一区分，引发了辽代历史上的一桩"文字狱"。据辽人王鼎《焚椒录》中记述，辽道宗宠幸佞臣耶律乙辛，乙辛为保有富贵，密谋扳倒太子，即从陷害太子生母萧皇后萧观音下手。萧后貌美多才，平时见道宗荒疏政事，多有劝谏，道宗厌之，萧后渐渐失宠。为挽回夫妻感情，萧后作有《回心院》十首词，写深闺女子于惆怅幽怨中等待丈夫，辞藻华丽，缠绵悱恻，足见才情。但《回心院》词并没有使道宗回心转意，反而为萧观音引来了杀身之祸。据说耶律乙辛见皇后能诗善文，便倩人写作了《十香词》，买通宫婢送到萧皇后宫中。萧观音一见之下，大为赞赏，甚至亲笔誊录，其词云：

青丝七尺长，挽做内家装。不知眠枕上，倍觉绿云香。

红销一幅强，轻阑白玉光。试开胸探取，尤比颤酥香。

芙蓉失新艳，莲花落故妆。两般总堪比，可似粉腮香。

蝤蛴那足并，长须学凤凰。昨宵欢臂上，应惹领边香。

和羹好滋味，送语出宫商。定知郎口内，含有暖甘香。

非关兼酒气，不是口脂芳。却疑花解语，风送过来香。

既摘上林蕊，还亲御苑桑。归来便携手，纤纤春笋香。

凤靴抛合缝，罗袜卸轻霜。谁将暖白玉，雕出软钩香。

解带色已颤，触手心愈忙。那识罗裙内，消魂别有香。

咳唾千花酿、肌肤百和装。元非啖沉水，生得满身香。

这《十香词》写女子身上多种香气，笔墨华艳，写情热烈奔放，用词暧昧且多挑逗。按理来说，位正中宫的萧皇后读了应该立即斥退进诗人，但辽人本为游牧民族，礼教禁忌较之汉人为少，且萧观音才情奔放，又受到道宗的冷落，幽怨蓄积，需要借诗词排遣，故而对《十香词》的文墨很是欣赏。但或许也觉得自己誊写《十香词》有些不妥，萧皇后又亲笔写了一首《怀古》诗，"宫中只数赵家妆，败雨残云误汉王。惟有知情一片月，曾窥飞鸟入昭阳"，表示对此等艳词的批评态度。未曾想，正是这首《怀古》诗，使她陷入了万劫不复之地。乙辛等人拿到萧观音手书的《十香词》后，立即在道宗皇帝面前诬告，说萧皇后与宫廷乐师赵惟一之间有私情，乙辛的奏折写得绘声绘色，宛如亲见，道宗皇帝一读之下，顿时勃然大怒，召见萧皇后当面对质。萧观音大呼冤枉，据理力争，说诗中有"既摘上林蕊，还亲御苑桑"之句，分明写南朝习俗，本朝以游牧起家，焉得有此？道宗皇帝大概已经有些先入为主，于是厉声问道："照你这么说，那'凤靴抛合缝，罗袜卸轻霜'一句又怎么解释呢？"因为宋女缠足，鲜见穿靴者，故而凤靴显而易见为北方女子之物，萧后顿时语塞。

此时，道宗皇帝尚存疑虑，但架不住耶律乙辛的煽风点火，说《怀古》一诗中，分明嵌入了"赵惟一"的名字，表达的是皇后对赵惟一的思念之情。言之凿凿，此案遂成铁案，赵惟一身死族灭，萧皇后被迫自尽，甚至还连累太子亦死于非命。此事株连甚广，故当时人虽然咸知萧后之冤，但都惧怕耶律乙辛的淫威，内外噤声，直到萧皇后的孙子天祚帝登上皇位后，方为她洗清冤情。王鼎曾感慨萧皇后以"好音乐""能诗""善书"取祸，认为若非她作了《回心院》词，那《十香词》的诬陷必然不至于取信于君王。清代词人纳兰容若也曾写词咏叹萧观音的不幸际遇，词云"马上吟成促渡江，分明闲气属闺房。生憎久闭金铺暗，花冷回心玉一床。添哽咽，足凄凉。谁教生得满身香。只今西海年年月，犹为萧家照断肠"（《于中好·咏史》），言下之意，正是因为她"生得满身香"，独具一份慧心灵性，反而不得善终。这样的评价，固然带有"女子无才便是德"的迂阔，却也在某种程度上道出了萧皇后悲剧的原因。在残酷的政治斗争中，感性的女子往往更容易成为牺牲品，因为她不明了政治的残酷，身处危局却缺乏应有的警觉，以至给对手留下了诬陷的口实，最后陷于万劫不复的境地。

少数民族女性喜好穿靴的风气，在清代更为盛行。满清入主中原，女子服饰鲜明地分为了满、汉两派，除发式、服装外，是否缠足，是否穿靴，也成了区分满、汉女性的明显外在标志。今人邓云乡先生《红楼梦风俗谭》中，就曾引用吴梅村的诗，说明清初满、汉女子服饰差异，诗云"新更梳裹簇双蛾，莘地长衣抹锦靴，总把珍珠浑装却，奈他明镜泪痕多"，"惜解双缠只为君，

费丹旭《史湘云醉卧芍药圃》

丰跌羞涩出罗裙，可怜鸦色新盘髻，抹作西山两道云"(《偶见》)。
清兵入关后，不少汉族女子嫁于满人，不得不放开小脚，穿上旗靴，
吴诗具体而微，可谓当时社会现实的真实写照。

　　满族女子有穿靴的习惯，这在《红楼梦》中也有所反映，第
四十九回中写大观园中众人赏雪，黛玉的妆扮是"换上掐金挖云
红香羊皮小靴，罩了一件大红羽纱面白狐狸里的鹤氅"，湘云则
是"脚下也穿着鹿皮小靴：越显得蜂腰猿背，鹤势螂形"。历来，
关于大观园女儿是满是汉，一直争论不休，但从此处黛玉和湘云
的装束来看，曹雪芹已经隐隐约约地暗示了她们都是满族女子，
且为天足。

六

北宋靖康二年（1127），金兵攻陷了汴梁城，掳走皇亲宗室和部分大臣，北宋由此灭亡。同年，康王赵构在江南建立政权，改元建炎元年，宣告南宋王朝的建立。南宋建国后，在靖康之乱中失散的文武官员、百姓等纷纷奔赴行在杭州，一时之间，杭州城里人头攒动，颇为热闹。其中，有一位自称为柔福帝姬的女子，分外引人注意。说起该女子的来历，颇为复杂，彼时宋金对峙，民间军事武装趁势而起，使得匪患四起，兵火相连。某日，宋军在平息匪乱时，在匪眷中搜到一名女子，该女子自称为宋徽宗幼女柔福帝姬，自北逃归，不幸又沦入匪手。宋军闻听，不敢怠慢，连忙将其送至都下。宋高宗亲临询问，问及宫中旧事，该女子都能一一对答。唯有裙下一双巨足，颇令高宗生疑，该女则对曰"万里奔波，小脚已经难以保持旧状"。宋人笔记《鹤林玉露》中记载了当时情境，"四年有女子诣阙，称为柔福。……但以足长大疑之。女子颦蹙曰：金人驱迫如牛羊，跣足行万里，宁复故态哉。上恻然"。她情词婉转，楚楚可怜，让高宗无比怜惜，特意为之择配士大夫，并厚赠妆奁。故事到此，似乎有了一个比较完美的结果，孰料这却并非最终的结局。数年之后，高宗生母韦太后自金归来，高宗接驾，言及柔福帝姬之事，太后大惊道："这是从何说起？柔福在金国备受苦楚，早已被折磨致死。"高宗大怒，命令掖庭严加拷问，才知该女本为民间女子，靖康之乱中四处逃亡，多次被宫人误认为柔福帝姬。该女由此动念，暗自留心打听宫中细节，冒认公主，安享了数年富贵。该女后被赐死，但此事甚奇，引得民间物议纷纷，有种说法认为，韦太后陷金时，也曾丧节媚敌，她担心被柔福帝姬戳穿，因此找了个由头杀人灭口。

往者已矣，究竟孰是孰非，事实真相早已随着时光一去不返，徒然留给后人一声叹息。在这个故事中，应该看到的是，至北宋末年，上层社会女性缠足已经较为普遍，甚至成为区分贵族女性和平民女子的重要标志之一。民女固然可以假冒公主，但那双无法缩小的大足，却隐隐昭示了无法改变的低贱出身。或者也正因为小脚起初被视为社会上层女性的身份标志，出于企羡之情，越来越多的女性选择缠足，使得缠足成为千百年来中国女性所追求的独特时尚，也不可避免地带来了女性鞋式的变化。

陆游《老学庵笔记》记述，"宣和末，妇人鞋底尖，以二色合成，名错到底"。从出土文物来看，宋代女鞋，虽然已经出现

浙江兰溪宋潘慈明夫妇墓出土女鞋

福建南宋黄昇墓出土女鞋

纤细、直窄等特点，却都长达五寸左右，未曾达到后世所谓"三寸金莲"的标准。

在漫长的历史衍变中，缠足，何以偏偏在宋代兴起并作为一种时尚传扬开来呢？除了众多周知的一些原因，比如礼教对女性的束缚、女性对美丽盲目的追求等之外，是否还有其他因素推动了缠足的盛行呢？美国学者高彦颐女士曾提出，公元10世纪以来，中国的家具逐渐发生变化，椅子开始普及，"因为有了椅子，人们在坐着的时候，双脚悬空，不像以前那样塞在大腿和臀部之下，同时，脚跟也因此得以释放出来，不必再承受上半身的体重"，这使得脚部的装饰和展现，成为可能，并引得人们竞相模仿和追逐。此种观点，以历史还原的视角，为缠足的发生以及流行，提供了一种生动的想象。

又或者，处于少数民族政权威胁之下的宋人，在军事战争中频频失败，因而极力发展汉文化，别出心裁地将缠足视作汉族女子的独特身份标志？这倒不是没有可能的。据《烬余录》记载，"金兀术略苏，……妇女三十以上及三十以下向未裹足与已生产者，尽戮无遗"。南宋初年，金人进犯苏州，抢走大量年轻未育的缠足女子。这或许从侧面反映，当宋之时，缠足的确被视为汉人独特的文化标志，并引起了少数民族的好奇之心。

从出土的宋代女鞋能看到，宋代女子缠足，目的在于凸显两足的纤细紧窄，还未出现对"三寸金莲"的狂热追求，并且，与后世的弓鞋相比较而言，宋代的女鞋基本属于平底鞋，对女性的行走，不至于造成太多的困扰。宋亡后，元蒙入主中原，缠足风气依然兴盛不衰，至明清两朝而大盛。明初，朱元璋将张士诚旧部发配到浙东边远地区，成为丐户，并规定他们"男不许读书，女不许缠足"，可见当时缠足已经成为社会公认的区分良贱的标志。也是在明代，"三寸金莲"得以广为传扬，并深入人心，几乎取代了两宋女子对纤直之足的追求，相应地，高底之弓鞋也代

弓鞋

替平底之直鞋，成为女性的时尚新宠。

所谓"三寸金莲"，基本的要求就是小且弯。具体做法是将除大脚趾之外的其他四个脚趾往下折，直达脚心，这种做法，会造成脚背升高，脚心形成自然的凹心，整只脚形成大脚趾、脚背、脚后跟为三点的一个小三角形。这样的脚，套上弓鞋，"令足尖自高而下着地，愈显弓小"（清·刘庭玑《在园杂志》）。穿上这样的弓鞋后，女子行走无力，宛若弱柳扶风，自异性眼中看来，充满了柔弱的女性美。

明亡清兴，为巩固政权，满清政府颁布诏书，强令汉人剃发易服，遭到激烈抵抗。当时甚至有"留发不留头"的说法，足见满、汉两族在此点上的尖锐对立。满清皇帝同样禁止汉女缠足，但并未将其提到与剃发同样的政治高度，因此也一直收效甚微。后为缓解满、汉民族矛盾，清朝廷对汉女缠足，事实上持默许态度，这也使得汉族士大夫将女子缠足，视为保留民族气节的象征，加以揄扬，从而更进一步推动了缠足在民间的流行。生活在乾嘉盛世的史学家赵翼，就曾谈到他所处的时代"裹足已遍天下"。受此影响，甚至连部分满族女性也开始缠足，清代满族女性中，曾流行一种称为"刀条儿"的裹足样式。顾名思义，就是将双足脚趾和脚掌处，用布紧紧缠裹，使脚稍具尖、窄之形。这样缠裹，一方面可以避免让脚受到太大伤害，另一方面，也是为了更好地规避清廷的律令。有清一代，最高统治者始终严禁八旗女子缠足，归其要旨，无非是为了保持满族的文化习俗，避免浸染汉人习性。

从满清朝廷和汉族文人对女性缠足的态度也能看出，在传统社会里，女性的身体和装束，往往被视为一种符号，不断地被拥有话语权的"他者"注入新的解释，而女性除了被动接受种种被植入的观念外，简直束手无策。原因就在于女性始终处于卑贱低下的位置，缺乏独立的社会地位和人格，只要这种情况得不到改善，那么，不管"他者"如何变化，她都始终难以摆脱依附地位，拥有自己的话语表达方式。这点，在后来晚清革新派那里也得到了印证，革新派虽然心心念念地想对暮气沉沉的古老帝国进行全方位的改造，但在对待女性缠足这个问题上，他们的处理方式与封建文人并无二致，即同样是借用女性之"足"，构建他们关于"国族"的观念和话语。

鸦片战争之后，古老帝国尘封已久的大门被迫打开，西洋人进入到中国，立刻发现了缠足这一奇特的习俗，他们对此惊讶不解，还带有几分鄙夷。在当时的上海租界，常常有外国摄影师，许以金钱，诱惑贫穷的妇女解开裹脚布，以供拍摄。裸露的小脚，以影像的方式呈现，给人以巨大的视觉冲击，并作为中国"恶俗"的表现，在国内外的一些大城市不断展出。

此时国禁已开，越来越多的知识分子开始接触到西洋事物，西洋人对小脚的不屑，使这些知识分子，感受到了深深的刺痛。1898年，康有为在上呈的劝禁缠足奏折中就曾提到"外人拍影传笑，讥为野蛮久矣！而最骇笑取辱者，莫如妇女裹足一事，臣窃深耻之"。作为晚清维新派的领袖，康有为对缠足深恶痛绝，早在1885年，他就在广东成立了"粤中不缠足会"。在他的推动下，后来梁启超、谭嗣同等人又发起成立了全国性的不缠足协会，总部设在上海，协会订有章程，规定入会者所生的女儿不得缠足，已缠足的如在八岁以下一律放足，所生儿子不得娶缠足之女等。

所生儿子不得娶缠足之女，这条规定尤为关键。千百年来，男性对小脚的偏好，是女子缠足的一大推动力，无论出身贫、富，女性总希望能觅得理想的婚姻归宿，为迎合男性的嗜好，她们不得不裹足以求。晚清维新派提出，此后年轻男子不娶小脚女子，这对于以小脚为良缘之红线的社会观念，无疑是巨大的冲击。维新派人物中，在不娶小脚女为妻这点上，不乏身体力行者。1900年，翰林蔡元培丧偶后打算再婚，他公开写下了一则征婚启事，明确提到希望寻觅的佳偶是"须不缠足者"，消息传开后，舆论震惊，他却毫不在意，后果然求得天足女子为妻。

在积弱积贫的晚清，自力求革新的各派人士眼中看来，女子之小脚，无疑是国家贫穷落后的符号，他们以此为耻，必欲去之而后快。这一思路，一直延续到了民国。民国肇造，无论北洋政权抑或国民政府，都将缠足视为陋习，誓加革除。阎锡山主政山西，还特设放脚员一职，专司下乡查脚工作，收缴小脚鞋和裹脚布，以督放脚。

然而，无论是天足会的动员鼓励，还是政府的监督管理，"放脚"在民间，都遭到了或隐或现的抵制，进展得并不顺利。普通民众固然不认为女子之小脚，与中国之进步发展有何关碍；而部分守旧人士，更将小脚视为传统文化的表征，大颂赞美之辞。就连女性自己，置身于汹汹的历史洪流中，无论裹脚还是放足，她们却只是茫然无措，浑然不解其中所谓自由、解放之意。

1927年出版的《妇女杂志》中讲述了这样一个故事：旧式女子桂兰嫁给了留学生丈夫，他以救世主的口吻，要求她放足。她不得不顺从，但是放足的滋味并不好受，文中写道：

> 桂兰的脚重新用肥皂洗过后，又重新被缠了起来，只是较以前松动一些，但是她反而觉得疼的厉害，令人忍耐不住，几乎痛得要死。她的自述是这样的："我痛得不了的时候，

两手紧紧地抱着他：'我们一齐努力战胜它罢，桂兰'，他说：'我看到你这样受苦，我着实难过，但是我们要想，想我们之所以如此，决不是仅仅为了我们俩，一方面也为着旁的人们，这也是一件反对吃人的旧礼教的事业哪！'"

"不是这样"，桂兰哽咽着说："我却仅为了你而如此，因为我要给你做一个时髦的妇人。"

从故事中能看到，男性视小脚为封建落后的符号，简单地以放足为解决之途，而女性，却不得不忍受身体的痛苦，完成从缠足到放足的转变。事实上，无论是缠足还是放足，改变身体的过程中，女性完全没有话语权，她只能盲目地跟随男性的喜憎，被动地奉献身体。夫妻两人的对话，清楚地揭示了两性在身体变革中的不平等关系。

往事已千年，缠足的故事令人感慨。说到底，服饰只是一种符号，当服饰符号中所包含的社会文化内涵已经完全消失时，那些千姿百态的美丽，封存在历史的记忆里，为我们了解那些逝去的时尚，提供了诸多生动丰富的佐证，拓展了更多引人遐想的空间……

参考书目

周汛、高春明：《中国历代妇女妆饰》，学林出版社，1988年。

周汛、高春明：《中国衣冠服饰大辞典》，上海辞书出版社，1996年。

沈从文：《中国古代服饰研究》，上海书店出版社，2002年。

高春明：《中国服饰》，上海外语教育出版社，2002年。

周锡保：《中国古代服饰史》，中国戏剧出版社，1984年。

华梅：《中国服饰》，五洲传播出版社，2004年。

张志春：《中国服饰文化》，中国纺织出版社，2009年。

高洪兴：《缠足史》，上海文艺出版社，2007年。

高彦颐：《缠足：“金莲崇拜”盛极而衰的演变》，江苏人民出版社，2009年。

骆崇祺：《中国鞋文化史》，上海科学技术出版社，1990年。

后记

　　从构思到成稿再到出版，历时数年。这本小书的面世，也不是一件容易的事情。

　　于笔者而言，收集资料，整理文献，而后一一编撰成文，整个过程可谓充满着学习的苦趣。不过，最重要的，是能够透过诸多图片、文献，真实触摸到古代中国那些美丽的时尚记忆，感受到不同时代先民们对于美的差异化定义及阐释。仿佛艺海拾贝，如同苍山撷云，衷心所至，唯觉幸甚至哉。

　　这本小书的重点，在于结合中国古代女性服饰的点滴变化，讲述有趣的小故事。关于服装史、艺术史，笔者虽然尽力弥补，限于基础薄弱，恐怕难免有不当之处。主要参考书目，已于书后列出，对于诸多先贤、前辈的辛勤工作，一并致谢！

　　当然，这本小书仍然会存在很多不足。尚祈同好诸君不吝金玉，多加赐教！